わかる！使える！接着入門

原賀康介 [著]
Haraga Kousuke

日刊工業新聞社

【はじめに】

　この本を書いている間にも、モノづくりの根幹を揺るがすような品質問題が日本の複数の大企業で起こりました。品質の維持と向上は、企業と技術者の社会的責務で、終わりのない活動です。

　「接着」という技術は、完成後の検査で不良品を排除することができない「特殊工程の技術」に分類されるものです。そのような特殊工程の技術で品質を確保するためには、設計段階で工程ごとの作業の最適条件と許容範囲を明確に決め、製造段階では各工程での作業が許容範囲内で適切に行われたかどうかを確認・記録することが基本です。

　寸法加工では、図面に書かれた公差を守ることは常識です。接着工程での作業の許容範囲は、加工公差と同じ意味で、絶対に守るべきことです。

　本書は、単なる「接着技術」の解説書ではなく、「接着で組み立てられる機器や部品の品質をいかに確保し、向上させていくか」を主題にしています。接着を製品組立に用いようとする設計技術者や生産技術者、品質関係技術者が、特性・信頼性・品質・コストに優れた接着を行うための必須知識を身につけ、実践するための書です。

　接着の原理・原則と、接着設計や接着作業などの実務をつなぐ前準備・段取りに注目し、接着剤を使う側の目線に立ってノウハウをわかりやすく整理しました。また、これまでに、接着に必要な規準や指針はほとんど示されてきませんでした。しかし、それでは実際の製品に接着を活用することは困難です。そこで、本書では、著者の経験に基づいた規準や指針をできるだけ多く開示したつもりです。

　接着剤を用いる接着接合は、機械系技術者や電気系技術者など化学系以外の技術者にはなじみにくい技術です。本書では、接着の専門家ではない多くの分野の技術者に、接着接合を理解していただき、最適な設計を行い、品質に優れた接着作業を行うための知識と段取りについてまとめました。

　接着接合物の品質は、接着剤によって与えられるものではなく、設計に

よって接着剤の性能を最大限まで引き出してつくり込むことと、つくり込まれた条件に従って、工程ごとに適切な作業を行うことで達成されることを認識いただければ、筆を執ったものとして嬉しく思います。接着の品質確保と向上の一助になれば幸いです。

　本書をまとめるに当たり、図表の転載や引用など多くの企業や学会・協会にご協力をいただきました。また、日刊工業新聞社の矢島氏には、構成や編集に関して多大なるご支援をいただきました。ここに、ご協力に対して感謝の意を表します。

　　2018年2月　　　　　　　　　　　　　　　　　　　　　　　原賀 康介

わかる！使える！接着入門

目 次

【第1章】 これだけは知っておきたい 接着の基礎知識

1 接着の品質とは
- 高品質接着とは・**8**
- 高品質接着達成のための基本条件①　界面で壊れない－凝集破壊率－・**10**
- 高品質接着達成のための基本条件②　ばらつきが小さい－変動係数 Cv －・**12**
- 接着の脆弱個所・**14**

2 接着接合の特徴
- 欠点と利点・**16**
- 接着接合の利点から得られる効果・**18**
- 接着と他の接合との比較・**20**
- 接着の弱点は組合せで補う－複合接着接合法－・**22**

3 接着のメカニズム
- 接着の結合の種類・**24**
- 分子間力接着の過程と最適化・**26**
- 水素結合、表面改質、プライマー・**28**
- 表面張力の測定方法・**30**
- 表面の違いによる耐久性の差・**32**

4 接着特性を低下させる内部応力
- 内部応力（残留応力）による不具合と内部応力の分類・**34**
- 内部応力の種類①　接着剤の硬化収縮応力・**36**
- 内部応力の種類②　加熱硬化後の熱収縮応力・**38**
- 内部応力の種類③　使用中の温度変化による熱応力・**40**
- 内部応力の種類④　吸水膨潤応力・**42**
- 内部応力の種類⑤　被着体の変形による応力・**44**

- 接着剤の粘弾性特性と応力緩和・**46**
- 内部応力による不具合と改善策① 異種材料接着・**48**
- 内部応力による不具合と改善策② 異種材料の勘合接着・**50**
- 内部応力による不具合と改善策③ 部品の構造・**52**
- 内部応力による不具合と改善策④ 接着剤の塗布量と塗布位置・**54**
- 内部応力による不具合と改善策⑤ 接着剤の物性、部品の厚さ・**56**
- 内部応力による不具合と改善策⑥ 接着剤の短時間硬化、後硬化・**58**
- 内部応力の評価法① 応力を直接求める方法・**60**
- 内部応力の評価法② 有限要素法で求める方法・**62**

5　接着剤の種類と長所・短所

- 構造用接着剤、準構造用接着剤・**64**
- エンジニアリング接着剤・**66**
- 柔軟接着剤・粘着テープ・**68**

6　接着強度に影響する因子

- 接着部に加わる力の方向と代表的な評価方法・**70**
- 接着剤の硬さ・伸び・**72**
- 接着層の厚さ・**74**
- 温度・ガラス転移温度（Tg）、速度・**76**
- 重ね合わせせん断強度に影響する因子・**78**
- 継手効率・**80**

【第2章】
準備と段取りの要点

1　接着の出来映えは設計しだい

- 接着設計技術と構成要素・**84**
- 接着管理技術と構成要素・**86**
- 設計段階での段取り・**88**

2　接着剤の選定と評価

- 欠点から候補接着剤の種類を絞り込む・**90**
- 使用・管理上のポイントを考慮して接着剤を絞り込む・**92**

- カタログの見方① 強度データ・94
- カタログの見方② 耐久性データ・96
- カタログの見方③ その他に確認すべきこと・98
- 選んだ接着剤の適性を評価する・100
- 接着のデータベース・102

3 被着材料の選定

- 塗料の密着性が良い材料が、接着性にも適しているとは言えない・104

4 強度設計、耐久設計上のポイント

- 接着強度の実力値はどのくらいか・106
- クリープ対策は重要・108
- 耐水性確保のための接着部の寸法設計・110

5 構造設計上のポイント

- 壊れにくい構造にする・112
- 不連続性を回避する・114
- クリープを防止する構造・116
- 作業が容易な構造・118
- 検査がしやすい構造とダミーサンプル・120

6 プロセス、設備の最適化

- チェックリストや特性要因図の活用・122
- 最適条件と許容範囲を決める・124
- トラブル時の工程の連動停止を考える・126

7 試作時の注意点

- 試作時のチェックポイント・128

【第3章】
実務作業・加工のポイント

1 接着作業の注意点

- 2液型接着剤の手混合の仕方① 計量の仕方・132

- 2液型接着剤の手混合の仕方②　混合、脱泡、シリンジ詰め替え・**134**
- プライマーは塗り過ぎてはいけない・**136**
- 気泡を入れない接着剤の塗布・貼り合わせ方法・**138**
- 表面の凹凸を埋めて欠陥部をなくす・**140**
- 加圧力の大きさと二度加圧・**142**
- 治具での圧締が困難な部品の対策・**144**
- 硬化における注意点・**146**

2　接着作業は特殊工程の作業

- 特殊工程の作業と管理・**148**
- 生産開始までに行うこと・**150**

3　生産開始後の管理

- 作業環境、設備・治工具の管理・**152**
- 部品、接着前処理の管理・**154**
- 接着剤の管理・**156**
- 接着作業の管理・**158**

4　作業結果の確認と改善

- 作業結果の確認・**160**
- 工程能力指数による管理と改善・**162**

コラム

- 日本における構造接着と精密接着の現状・**82**
- 接着技術を製品組立に用いる技術者の育成・**130**
- 接着を使う技術者に望むこと・**164**

- 引用文献・**165**
- 索引・**166**

【 第 **1** 章 】

これだけは知っておきたい
接着の基礎知識

1 接着の品質とは

高品質接着とは

❶品質とは
　品質は、JIS Z 8101（品質管理用語）では、「品物またはサービスが、使用目的を満たしているかどうかを決定するための評価の対象となる固有の性質・性能の全体」と定義されています。図1-1-1に示すように、「高品質」とは、顧客が要求する種々の条件に対して「満足度が高い」ことと言えるでしょう。

❷高品質接着とは
　接着に要求される特性は多くあります。図1-1-2に示すように、接着強度などの特性や耐久性に優れていることはもちろんですが、それだけでは高品質な接着とは言えません。接着特性（強度など）のばらつきが小さい、不良率が低い（信頼性が高い）、さらに、生産性にも優れていてコスト的にも有利、ということも必要です。これらを兼ね備えた接着を「高品質接着」と呼んでいます。

❸接着の世界での品質に対する状況
　日本製品は、品質の高さで世界をリードしてきました。しかし、日本の接着の世界では、これまで「ばらつき」や「品質」については、あまり関心を持たれてきませんでした。欧米では、軽量化が重要な航空機産業が牽引役となり、接着にも厳しい品質要求がなされ、多くの力学系技術者による強度や破壊などに関する研究開発が，接着の品質向上に大きく寄与してきました。日本では戦後、航空機産業が途絶えたことで、接着の力学的取組みが遅れ、人材も育たず、損傷や破壊が致命傷となる部位への、接着の適用の裾野が広がらなかったことが、接着の品質に対する取組みの弱さの要因の1つではないでしょうか。

❹接着の品質の重要性
　製品や部品の小型化・軽量化、高機能・高性能化の要求はますます高度化し、構造物や電気・電子・光学機器などの精密機器組立に接着が必要不可欠な要素技術となり、適用が拡大するのは間違いありません。接着部の損傷や破壊が大事故につながる可能性もあります。これからは、「接着の品質」への取組みがきわめて重要となってきます。

❺接着は「特殊工程」の技術
　「結果が後工程で実施される検査および試験によって，要求された品質基準

を満たしているかどうかを十分に検証することができない工程」のことを「特殊工程」と言います。接着は、組立後に接着部の強度を検査して低強度品を排除することができないという点から、まさに「特殊工程」の接合技術です。特殊工程の技術で高品質を確保するためには、工程ごとに作業の最適条件と許容範囲を明確にして、作業の前後に検査を行うことが重要です。

図 1-1-1 | 高品質の条件

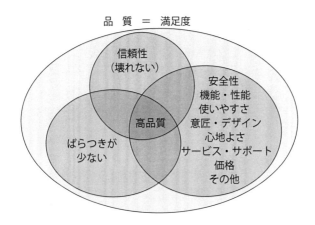

図 1-1-2 | 高品質接着の条件

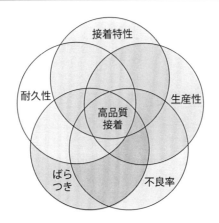

要点 ノート

接着は、組立後の検査で低強度品を排除できない「特殊工程」の接合技術です。
特殊工程の技術で高品質を確保するためには、工程ごとに最適条件と許容範囲を明確にし、作業の前後で検査を行うことが重要です。

1 接着の品質とは

高品質接着達成のための基本条件①
界面で壊れない－凝集破壊率－

❶破壊の場所

　良好な接着ができているかどうかは、接着したものを破壊して判定するのが一般的です。図1-1-3は、接着接合物の断面の模式図で、外力を加えたときに接着剤の内部または接着剤と被着材料（接着される部品の材料のことを被着材料と言います）の接合界面、または被着材料自体のいずれかで破壊が生じます。図1-1-4に示すように、接着剤の内部での破壊は「凝集破壊」、接着剤と被着材料の接合界面での破壊は「界面破壊」と呼ばれています。凝集破壊した部分では、破壊後接着面の両面の相対する位置の双方に接着剤が残っています。界面破壊の場合は、接着剤はいずれか一方の被着材に付着しており、相対する相手面は被着材料の表面が露出した状態になっています。

　通常の接着で最も多く見られるのは界面破壊です。被着材料の接着表面付近は、図1-1-5に示すように、接着性に影響を及ぼす非常に多くの因子が集まったところであり、常に同じ状態にコントロールすることはできないため、界面破壊の場合は接着強度のばらつきが大きくなり、適正な破壊状態とは言えません。一方、接着剤の内部で破壊する凝集破壊は接着剤の物性で決まるため、接着強度のばらつきは小さく、理想的な破壊状態と言えます。

❷凝集破壊率

　実際の接着部では、凝集破壊と界面破壊が混在して現れるのが一般的です。接着面積全体に占める凝集破壊部分の面積の比率を凝集破壊率と言います。筆者が測定した多数のデータと長年の経験から、凝集破壊率が40％以上確保されていれば、強度ばらつきが少ない高品質の接着ができていると判断できます。凝集破壊率が40％以下（界面破壊が60％以上）になると、低強度品が頻出するようになり、強度のばらつきが大きくなってきます。

❸内部破壊発生開始強度

　図1-1-6に示すように、接着部が破断に至る前から、接着部の内部では細かい破壊が繰返し起こっています。これを「内部破壊」と言います。内部破壊がある程度蓄積したところで破断に至ります。筆者の測定例[1]では、界面破壊の場合は、破断強度の10％以下の負荷で内部破壊が発生しますが、凝集破壊の

場合は、破断強度の50%以上の負荷で内部破壊が発生しています。内部破壊の点からも、凝集破壊は界面破壊より信頼性が圧倒的に高いことがわかります。

図 1-1-3 | 接着部における破壊の個所

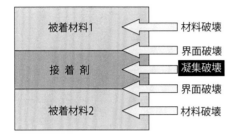

図 1-1-4 | 凝集破壊と界面破壊の例
（軟鋼同士、接着剤：SGA）

（A）凝集破壊

（B）界面破壊

図 1-1-5 | 金属の表面付近の模式図

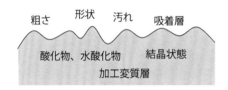

図 1-1-6 | 破断以前に生じる内部破壊

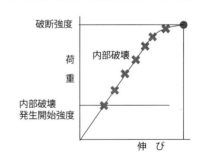

要点 ノート

接着部の破壊には凝集破壊と界面破壊があり、界面破壊は強度のばらつきが大きく、凝集破壊では強度のばらつきが小さくなります。高品質接着を達成するためには、凝集破壊率を40％以上確保することが必須の条件です。

1 接着の品質とは

高品質接着達成のための基本条件②
ばらつきが小さい－変動係数Cv－

❶接着強度のばらつきの指標－変動係数Cv－

　接着強度のばらつきを表す指標としては、一般に標準偏差σが用いられますが、平均値μが異なる複数の系のばらつきを比較するには不便です。そこで、平均値μに対する標準偏差σの割合を示す変動係数 Cv（$=σ/μ$）を用います。

　図1-1-7(左)は、2種類の接着剤のせん断接着強度の度数分布と変動係数 Cv の比較の一例です。測定はせん断試験です。いずれの接着剤も平均強度は非常に高いですが、ばらつきの程度は大きく異なっています。2液アクリルは強度のばらつきが少なく、変動係数 Cv は0.03（3.05%）と非常に小さいですが、1液エポキシでは、強度のばらつきが大きく、変動係数 Cv は0.19（19.36%）と大きくなっています。

　図1-1-7(右)は、図1-1-7(左)の横軸を凝集破壊率に変えた場合の度数分布の比較です。変動係数 Cv が小さい2液アクリルではほぼ完全な凝集破壊を示していますが、変動係数 Cv が大きい1液エポキシではほぼ完全な界面破壊となっています。このように、凝集破壊率と接着強度の変動係数 Cv には相関関係があります。

❷変動係数Cvはどのくらいに抑える必要があるか

　図1-1-8は、変動係数 Cv と強度ばらつきの大きさの関係を示したものです。試料数が多くなるほど、ばらつきの範囲は大きくなります。破線の曲線は、試料数が1,000万個の場合に、下から3番目に低強度のもの（要求される工程能力指数が1.67の場合の合格品の最低強度）の値を示しています。変動係数 Cv が0.10の場合は、平均値の50%の強度となります。この点から、ばらつきが小さく品質に優れた状態を確保するには、変動係数 Cv は最低限0.10以下であることが必要と言えます。

　最近では、合格品の最低強度が平均値の70%以上であることが要求される場合も多く、この場合は、変動係数 Cv を0.06以下に抑える必要があることになります。なお、界面破壊では、変動係数 Cv が0.2を超える場合も頻出しますが、これほどばらつきが大きくなると、統計的に扱うことが困難な状態となり、品質を論じることもできなくなってしまいます。

第1章 これだけは知っておきたい 接着の基礎知識

図 1-1-7 | 接着強度のばらつきと凝集破壊率の関連性

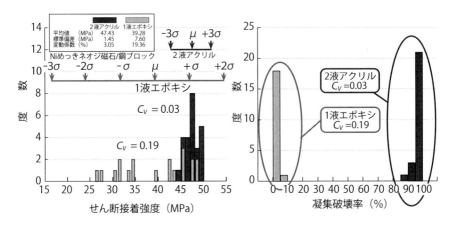

図 1-1-8 | 接着強度の変動係数 C_V とばらつきの範囲

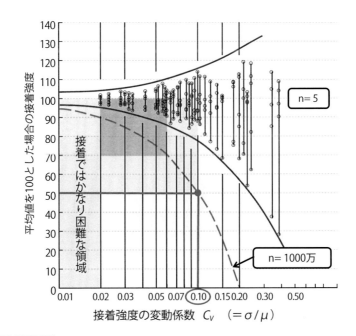

> **要点 / ノート**
>
> 接着強度のばらつきを表わす指標として変動係数 C_V（$= \sigma / \mu$）を用います。変動係数と凝集破壊率には相関があります。変動係数 C_V は、最低でも 0.10 以下に作り込むことが必要です。最近では、0.06 以下が要求される場合もあります。

1 接着の品質とは

接着の脆弱個所

❶接着部の脆弱箇所

　図1-1-9は、接着部の最も弱い個所がどこかを示したものです。(A)は、1-4節で詳しく述べますが、接着剤の硬化収縮や加熱硬化後の冷却過程で生じる熱収縮応力が最も大きな個所を示しています。最も高い応力が加わるのは、接着部の端部の界面です。(B)は、使用中低温になったときに生じる熱応力や、静的な外力や繰返し外力が加わる場合に、最も高い応力が加わる個所を示しています。ここでもやはり最も高い応力が加わるのは、接着部の端部の界面です。(C)は、使用中に接着部に水がかかる場合に、接着部に水分が浸入しやすい個所を示したものです。接着部には端部から、接着剤の中を通ったり、接着界面に直接水分が浸入してきます。その結果、最も劣化を起こしやすい個所は、ここでも接着部の端部の界面です。このように、いずれの場合も、接着部の端部の界面が最もやられやすい個所になります。

　もともと界面破壊するような接着の状態であれば、接着部の端部の界面付近から容易に破壊が生じることとなります。表面処理や表面改質などを行って、接着剤と被着材表面の接着性を高くして、凝集破壊する状態にしておけば、接着部の端部の界面に大きな応力が加わったり水分がかかったりしても、容易に破壊しなくなります。凝集破壊率を高くすることは、接着強度のばらつきを低減するだけでなく、破壊や劣化に対する抵抗性を高くする点からもきわめて重要です。

❷凝集破壊率の向上による接着特性の向上例

　図1-1-10は、せん断の繰返し疲労試験の結果を示したものです。被着材料はステンレス鋼板同士、接着剤はSGA（2液アクリル系）です。表面処理を変えて、界面破壊するもの、凝集破壊率が70％のもの、100％のものの3種類での比較です。この結果から、凝集破壊率が高くなるほど、繰返し疲労特性が向上していることがわかります。繰返し疲労試験は外力での繰返しですが、使用中に高温低温を繰り返す冷熱サイクル試験やヒートショック試験では、熱応力の繰返しとなり、外力の疲労と同様に凝集破壊率を高くすることで、冷熱サイクル特性や耐ヒートショック性を向上させることができます。

図 1-1-9 | 接着部における最弱個所

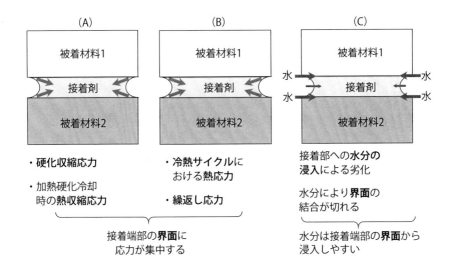

図 1-1-10 | 凝集破壊率の向上に伴う繰返し疲労特性の向上例

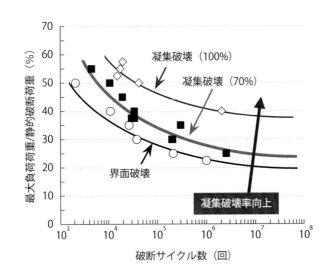

> **要点 ノート**
>
> 接着部の最も弱い部分は、接着部の端部の界面付近です。表面処理や表面改質を行って、界面破壊を減らして凝集破壊率を高くすることで、接着強度や接着耐久性を向上させることができます。

2 接着接合の特徴

欠点と利点

❶接着接合の欠点
　接着は、子供の頃から家庭や学校でも使われており、失敗した経験のある人は大勢います。このため、接着の欠点はよく知られています。**表1-2-1**に、接着接合の欠点を示しました。接着を工業用に使用する場合でも、課題の本質は同じです。大きな欠点は、接着剤の選定が難しい、表面処理や接着剤の計量・混合などの面倒な作業がある、接着性能に影響する要因が多く性能がばらつきやすい、耐久性が不明確、強度設計の基準がない、失敗したときのやり直しが困難などでしょう。また、単位面積当たりの接合強度では、溶接やボルトなどに比べて非常に低く、点での接合には向かないところも欠点です。

❷接着接合の利点
　接着には多くの欠点もありますが、溶接やボルト・ナット、ねじなどの接合にはない多くの利点があります。**表1-2-2**に、接着の利点を示しました。代表的な利点は、何と言っても様々な材料を接合でき、材料の組合せが異なっていても接合ができる点でしょう。接着は、点状（ボルト・ナット、ねじ、スポット溶接、リベットなど）や線状（アーク溶接、レーザー溶接、シーム溶接など）の接合ではなく、面での接合であるので、厚さが薄い材料や強度が弱い材料でも、材料自体が先に破壊するまでの強度を得ることができます。紙同士をステープラーと両面テープで接合して引っ張ると、ステープラーでは弱い力で接合部の穴から紙が破れますが、両面テープの場合は、接合部が破壊する前に、貼り合わせ部以外で紙がちぎれてしまいます。また接着接合は、接合時に、溶接やろう付け、はんだ付けのような高温を必要としません。低温で接合が行え、接合時に生じる熱歪みが小さい点も大きな長所です。微小部品から大物部品まで、合わせた全面を隙間なく接合できる点も大きな利点です。熟練技能が不要で、屋外などの現場作業が可能な点も利点の1つです。

❸欠点のない接合法はない
　接着には多くの欠点がありますが、接着以外の接合方法にも必ず欠点はあるものです。欠点があるから使わないのではなく、接着の持つ多くの利点を考え、欠点をカバーするにはどうすればよいかを考えることが重要です。

第1章 これだけは知っておきたい 接着の基礎知識

表 1-2-1 接着接合の欠点

区分	欠点
接合メカニズム面	◆化学的な反応や界面での結合が接着のベースであり、接合状態を可視化しにくい ◆機械系技術者には扱いにくい ◆接着剤の選定が難しい ◆被着材料や表面状態で接着性が異なる
性能面	◆単位面積当たりの強度が低い ◆局部荷重に弱い ◆温度で特性が変化しやすい ◆高温使用に限界がある ◆火災時に燃焼する ◆データベースがなく、耐久性が不明確
作業面	◆硬化に時間がかかり、手離れが悪い ◆液体を用いる接合である ◆表面処理、接着剤の計量・混合など面倒な工程がある ◆材料の保管状態や作業環境（温度・湿度）の影響を受けやすい ◆やり直しが困難
設計面	◆設計強度の基準が不明確 ◆構造設計の指針が不明確
品質管理面	◆接着特性のばらつきが大きい ◆完成後の検査が困難 ◆特殊工程の管理が必要

表 1-2-2 接着接合の利点

区分	利点
性能面	◆接合できる材料が広範囲 ◆異種材料の接合ができる ◆部材の機能を損なわずに部材表面で接合ができる ◆微小部品から大物部品まで接合できる ◆大面積でも全面の接合が容易にできる ◆隙間充填性がある ◆接合歪みが小さい
作業面	◆接合に高温を要しない ◆接合時に部材に局所荷重が加わらない ◆大がかりな設備が不要 ◆屋外での現場作業もできる ◆熟練技能が不要
その他	◆接合に要するエネルギーが小さい ◆火気レス工法である

要点 ノート

接着には種々の欠点がありますが、他の接合方法にはない多くの利点があります。欠点があるから使わないというのではなく、欠点をカバーしながら利点を有効に活用することを考えましょう。

❰2 接着接合の特徴

接着接合の利点から得られる効果

❶接着接合の利点から得られる効果
　接着の利点を活用することによって、**表1-2-3**に示すような多くの効果を得ることができます。異種材接合性や面接合による応力分散性、低歪み接合性などによる材料の適材適所化、薄板化による軽量化や材料費の低減などは、接着活用の最たるところでしょう。また、部品にねじなどでの締結部分を作り込む必要がなく、部品の表面をそのまま接合できることは、部品の小型化・軽量化につながり、高密度実装を可能としています。
　溶接やろう付けのような高温での接合では熱歪みが大きく、歪み除去や精度確保にコストがかかり、ねじやスポット溶接などの点接合ではシール性がないため、接合後にシールが必要です。接着は熱歪みが少なく、接合とシールを兼ねることができるので、工程合理化によるコストダウンも可能となります。

❷接着の隙間充填性を活用した部品の加工精度の低減
　接着剤は液体なので、部品の隙間を埋めることができます。この利点を活用すれば、部品の加工精度を低減して加工コストを抑えることができます。ねじ締結では各部品の合わせ面の加工精度を高くしなければなりませんが、接着を用いれば、接着面の加工精度を落として接着剤で隙間を埋めることで、高精度の接合が安価に可能となります。

❸火気レス工法
　ビルや工場などを使用しながら工事を行う場合、溶接では養生が必要で、近くで塗装を行っている場合などは火花による引火の恐れもあります。多くの接着剤は現場施工ができ、室温で硬化できます。この利点から、最近では船舶の擬装工事[2]でも溶接に代わって接着が用いられるようになっています。

第1章 これだけは知っておきたい 接着の基礎知識

表 1-2-3　接着接合の利点から得られる効果

接着の採用により得られる効果		接着の利点の活用点
軽量化	異種材接合	◆広範囲の異種材接合が容易にできる ◆シール性による電食防止が可能 ◆低温接合により熱変形や熱応力を低減可能
	薄板化	◆面接合で応力分散ができるため、板厚を低減しても接合強度を維持できる
	締結部品廃止	◆高分子材料による薄層での接合のため、ねじやリベットなどの金属締結部品より軽量
低強度部材の高強度接合		◆面接合で応力分散ができるため、発泡材料や紙などの低強度材料でも部材強度まで接合強度を確保できる
小型化・高密度化		◆部材を傷つけずに、部材表面で接合できるため、締結のための部位は不要で小型化・高密度化ができる
高精度化	部品の加工精度吸収 高精度位置決め	◆隙間充填性を活用することにより、組立後の精度を維持しながら、接合面の加工精度を低減できる ◆接合時に大きな力が加わらないため、位置ずれや変形が生じにくい
耐疲労特性の向上		◆面接合で応力が分散されるため、応力集中による接合部からの疲労亀裂が生じない ◆板厚を低減しても、母材自体と同等の疲労特性を得ることができる
剛性向上		◆面接合により、共振点を上昇できる
振動吸収性の確保		◆強靭性のある接着剤を用いることにより、面接合性と隙間充填性により振動減衰効果が得られる
接合とシールの兼用		◆面接合性と隙間充填性により、接合とシールを同時に行うことができる
平滑性の確保	意匠性向上、 空気抵抗低減	◆接着は部材表面での無傷接合のため、ねじやリベットの頭や、スポット溶接の圧痕などがなく平滑に仕上がる ◆表面が平滑に仕上がるので、空気抵抗を低減できる
意匠性向上	素材変更	◆接着は低温で接合ができるため、熱に弱い意匠材料でも採用することができる
コストダウン	材料費低減	◆異種材接合性により、適材適所の材料選定が可能となり、安価な材料の採用ができる ◆面接合で薄板でも高強度に接合ができるため、薄板化が可能 ◆高価な締結部品を廃止できる
	工程合理化	◆溶接などの高温接合で生じる熱歪みの除去・修正作業が廃止できる ◆平滑に仕上がるため、塗装時のパテ作業が廃止できる ◆接合と同時にシールができるため、シール作業を廃止できる ◆隙間充填性により、接着面の加工精度を低減できる
	熟練技能不要	◆溶接のような熟練技能が不要なため、作業者の確保が容易となる
	設備の初期投資	◆接着では高価な設備はほとんど使用しないため、設備の初期投資額が少なくて済む
	加工エネルギー低減	◆接着は低温接合のため、接合のためのエネルギー消費量が少ない
稼働状態での工事が可能	火気レス工法	◆接着は、溶接のように火気の発生や使用がないため、稼働中のビルやプラントなどでの工事が可能。養生シートなどの設置も不要

要点 ノート

接着の利点を活用することで、薄板化・軽量化、精度・意匠性向上、小型化・高密度化、工程合理化、火気を嫌う場所での火気レス工法、コストダウンなどの効果が得られます。接着の利点を活用しましょう。

2 接着接合の特徴

接着と他の接合との比較

❶各種接合方法の比較

表1-2-4に、アーク溶接、スポット溶接、ボルト・ナット、リベット（ファスナー）、接着、接着とリベットの併用の比較を示しました。万能と言える接合方法はなく、いずれの接合法でも長所と短所があることがわかります。

❷静的破断強度の比較

図1-2-1に、2.3mm厚さ（幅100mm、長さ200mm）の軟鋼板同士をアーク溶接、スポット溶接、接着、接着・リベット併用で重ね合わせ接合した場合

表 1-2-4　接着と他の接合の比較

問題の多さ　X＞△＞○＞◎

	項目	アーク溶接	スポット溶接	ボルト・ナット	リベット(ファスナー)	接着	接着・リベット併用
対象物	接合可能材料の種類の多さ	△	△	○	○	◎	○
	異種材料の組合せの自由度の広さ	×	×	○	○	◎	○
	大面積接合	×	×	△	△	◎	○
	微小部品接合	×	△	×	×	◎	×
	薄板接合	×	◎	×	△	◎	○
	厚板接合	◎	×	◎	×	△	×
作業性	作業の管理項目の多さ	○	○	◎	◎	×	×
	表面処理の必要性	◎	△	◎	◎	×	×
	接合時間	○	◎	△	○	×	×
	低温接合	×	×	◎	◎	○	○
	仕上げの容易さ	×	×	◎	◎	△	△
	リペア性	△	×	◎	○	×	△
	専用設備	×	×	◎	○	○	○
	熟練度の必要性	×	○	◎	◎	○	○
	自動化のしやすさ	○	◎	○	◎	○	○
接合性能	静強度	◎	○	○	○	△	○
	高温強度	◎	◎	○	○	×	△
	疲労強度	○	×	○	×	○	○
	クリープ強度	◎	◎	○	○	×	○
	環境耐久性	○	○	○	○	△	△
	異種材接合での電食	×	×	×	×	○	○
	隙間充填性・シール性	×	×	×	×	◎	○
	強度ばらつき	○	○	○	○	△	○
	接合歪み・変形	×	△	○	○	◎	○
	外観・平滑性	△	○	×	×	◎	×
	耐震性	○	○	×	×	◎	○
	箱体剛性	○	○	×	×	◎	○
	振動吸収性	×	×	×	×	◎	○
品質管理その他	検査の容易さ	○	○	◎	○	×	×
	接合のための材料・部品の必要性	×	○	×	×	×	×
	設計基準の有無	○	○	◎	△	×	×

の、せん断破壊強度の比較を示しました。アーク溶接ではビードの長さ（1カ所25mm）、スポット溶接では溶接個所の点数、リベットではリベットの大きさ・本数、接着では重ね合わせ長さで強度が変化します。リベットはさほど高い強度は得られません。接着は面積を稼ぐことによって、スポット溶接やアーク溶接に匹敵する強度を得ることができ、重ね合わせ長さを50mmもとれば、2.3mmの鋼板の0.2%耐力を超えるまでの強度が得られています。

❸疲労強度の比較

図1-2-2に、繰返し疲労試験の比較を示しました。点での接合であるリベットやスポット溶接、線での接合であるアーク溶接に比べ、面での接合である接着や接着・リベット併用は、優れた疲労特性を示しています。これは、点や線の接合では、接合部に応力が集中するのに対して、面の接合では応力が分散されるためです。接着や接着・リベット併用では、板厚が薄いにもかかわらず高い疲労特性を示しているのは、応力分散の結果です。

❹接着が最適とは限らない

接合法は、特性だけでなく、接合する材料、作業性、管理のしやすさ、コストなども考えて決めることが必要です。接合方法は表1-2-4に示した以外にも無数にあります。よく考えて最適な方法を選びましょう。

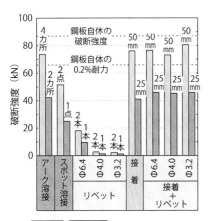

図1-2-1 各種接合法の静的強度の比較

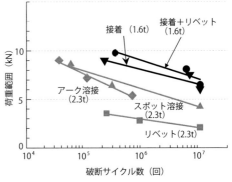

図1-2-2 各種接合法の疲労特性の比較

> **要点 ノート**
>
> 接合方法は無数にあります。どの接合法を用いるかは、接合する材料、接合性能、作業性、管理のしやすさ、コストなども考えて選定することが必要です。「溶接が最適だ」「接着が最適だ」などと決め込まないようにしましょう。

【2 接着接合の特徴

接着の弱点は組合せで補う
－複合接着接合法－

❶接着と併用される代表的な接合方法

　接着と他の接合法とを組み合わせる接合法を複合接着接合法と呼んでいます。図1-2-3に示すように、接着と(A)スポット溶接、(B)リベット（ファスナー）、(C)メカニカルクリンチング（かしめ）、(D)SPR（セルフピアシングリベット）などの組合せがよく用いられます。

　接着とスポット溶接の併用は「ウェルドボンディング」と呼ばれ、自動車のヘミング部やプレス板金部品の接合に多用されています。ウェルドボンディングは、スポット溶接ができる金属の組合せでなければ使えませんが、リベットやSPR、メカニカルクリンチングは異種材にも適用でき、自動車の軽量化でアルミ板と鋼板の異種材接合にも使われています。リベット（ファスナー）は穴加工が必要ですが、多様な材質に容易に適用できるため、多くの機器組立で使われています。これら以外でも、ねじやスナップフィットなど用途に応じて広範な組合せが可能です。

❷解消される接着の欠点

　表1-2-5に示すように、接着作業の最大の課題である接着剤硬化までの治具での圧縮や待ち時間が不要になります。リベット（ファスナー）と組み合わせれば、部品の穴で位置が決まるので、部品の位置合わせはきわめて容易になり、経験の浅い作業者でも作業ができます。多くの接着剤は有機物で絶縁物なので、接合した部材間の導通が取れません。また、接着剤は有機物であるために、長期間にわたって力が加わり続けるとクリープというズレの現象を示します。金属締結を併用することでこれらの欠点を解消できます。

❸1＋1＝3の効果

　接着と他の接合方法を併用すると、接着の欠点を解消できるだけでなく、複合効果を得ることができます。例えば、接着とスポット溶接を併用すると、繰返し疲労特性を、それぞれの単独での疲労強度のいずれよりも高くすることができます。また、接着剤は、高温になると柔らかくなるため接着強度が低下します。接着と他の接合を併用することにより、高温での接着部の破壊強度を高くすることもできます。

第1章 これだけは知っておきたい 接着の基礎知識

　接着部の破壊は、一部が破壊を始めると、短時間に全体に広がって破断に至ることが多々あります。接着と他の接合法を併用することにより、接着部が破壊しても破壊の進展を止めて、最終破断に至るまでの時間を延ばすことができます。このことは、破断に対する冗長性の向上という点で、安全性・信頼性の点でも非常に重要です。火災で接着剤が燃焼しても、他の接合方法が併用してあれば、最低限の形状を維持することも可能です。

図 1-2-3 | 接着と他の接合の種々の併用方法の例

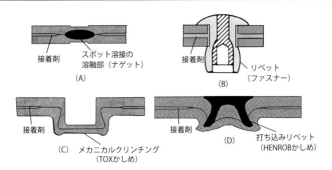

表 1-2-5 | 接着と他の接合の併用による接着の弱点の補完効果

接着の欠点	接着と他の接合の併用による接着の弱点補完	得られる効果
硬化まで重りや治具による圧締が必要	他の接合法が圧締治具の代用となり、治具が不要となる	治具不要、生産性向上、コストダウン
硬化に時間がかかる	接着剤が硬化していなくても次工程に移動できる	生産性向上、コストダウン
位置合わせがやりにくい	リベットのように穴がある場合は、位置決めが容易になる	位置合わせ治具不要、作業簡易化、高精度化。コストダウン
電気的導通が取れない	金属での締結法により導通が取れる	電着塗装、アース、電磁シールドなどの機能確保
高温で強度が低下する	高温での強度低下を防止し、焼付け塗装などでの剥がれや変形を防止できる	構造簡素化
クリープに弱い	金属での締結によりクリープを防止できる	構造簡素化
高温での疲労特性が弱い	金属での締結により高温での疲労強度を向上できる	構造簡素化
強度のばらつきが大きい	強度ばらつきを低減できる	信頼性・品質向上
破断は瞬時に起こる	破断に対する冗長性を確保できる	安全性・信頼性向上

要点 ノート

接着の欠点の多くは、他の接合方法との組合せで解消することができます。接合品質、生産性、コストも接着単独より改善できます。さらに、1＋1＝3の複合効果が得られる特性もあります。複合接着接合法を上手に使いましょう。

3 接着のメカニズム

接着の結合の種類

❶接着とは
　接着とは、接着剤と被着材料の表面との間で、何らかの力によって結合している状態を言います。接着の結合の原理は、大別すると次の3種類です。

❷分子間力による結合
　図1-3-1に示すように、接着剤も被着材料も分子の集まりでできており、それぞれの分子内では電気的に＋と－に分かれています。これを、分極していると言います。分極の程度は分子の構造によって異なり、弱いもの（極性が低い分子）、強いもの（極性が高い分子）、＋－がまったく分かれていないもの（無極性の分子）などがあります。

　分子間力とは、分子同士が電気的に引き合う力で、接着では接着剤の分子と被着材料表面の分子が電気的に引き合う力になります。接着剤の分子も被着材料表面付近の分子も極性が高い方が、強く結合することになります。反応型接着剤が用いられる接着のほとんどは、分子間力による接着です。

❸分子の相互拡散による結合
　2つの被着材料が溶剤に溶ける場合は、溶剤系の接着剤によって接着することができます。図1-3-2に示すように、接着剤の溶剤によって両方の被着材料の表面付近が溶融し、押しつけることによって溶融した分子同士が相互に拡散して絡み合い、溶剤が揮発すると再び固体状となり結合するものです。塩化ビニル同士やアクリル樹脂同士の溶剤系接着剤による接着などがよく知られています。

　未加硫ゴムでは、接着剤を用いなくても、重ねて置いておくだけでも表面付近の分子同士が相互に拡散して接合することがあります。これは「自着」と呼ばれています。熱に溶ける材料同士の表面を加熱溶融して押さえつけて接合する熱融着もありますが、これらは接着剤を使わないので一般には接着には分類されていません。

❹表面の凹凸に接着剤が流入固化して抜けにくくなることによる機械的結合
　エッチングや化成処理された金属表面、多孔質材料などでは、細かい入り組んだ凹凸や種々の結晶構造が形成されます。図1-3-3に示すように、表面の凹

凸や結晶の間に接着剤が流れ込み、接着剤が固化すると機械的に抜けにくくなることによる結合です。アンカー効果や投錨効果とも呼ばれています。

これを積極的に活用して、エッチングで凹凸を設けた金属に、プラスチック成形材料を射出成形などで接着剤を用いずに直接接合する方法も実用化されています。

図1-3-1 | 分子間力による接合

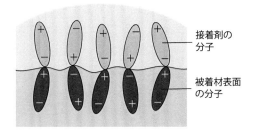

図1-3-2 | 分子の相互拡散による接合（溶着）

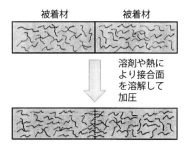

図1-3-3 | アンカー効果による接合

要点 ノート

接着の結合には、①接着剤と被着材料表面での分子間力による結合、②被着材料分子の相互拡散による結合、③被着材料表面の凹凸に接着剤が流入固化して抜けにくくなるアンカー効果の3種類があります。

〈3〉接着のメカニズム

分子間力接着の過程と最適化

❶分子間力による接着の過程

　反応型接着剤による接着では、分子間力による接着が一般的です。分子間力による接着の過程を図1-3-4に示しました。以下に、重要なポイントを述べます。

❷接着剤の分子と被着材料の分子間の距離を近づける

　接着剤と被着材表面の分子の極性が高くても、分子同士の距離が近づかなければ引き合う力は発生しません。強い分子間力を得るためには、3～5オングストローム（1Å = 0.0000001mm）以下の距離まで近づけることが重要です。

　被着材料表面には細かい凹凸があり、一般の接着剤のように粘度が高い液体は、図1-3-5に示すように、塗布しただけで細かい凹凸の内部まで自然に流入することは困難です。その結果、表面と接着剤が近距離で接触している面積は非常に少なくなり、強い接着はできません。表面に接着剤をよくなじませるためには、力をかけて塗布する、接着剤や被着材料を加温して接着剤の粘度を低下させて流動性を高くする、用いようとする接着剤を溶剤に薄く希釈して、プライマーとして塗布し、溶剤を乾燥させて凹凸を浅くして再び接着剤を塗布するなどの方法があります。

❸被着材表面の極性を高くする

　接着剤も被着材表面も分子の極性が高ければ、強い分子間力が得られます。接着剤の極性を高くするのは接着剤メーカーに任せて、接着剤を使う側では被着材料表面の極性を高くする（活性化する）ことが必要です。被着材表面の極性を高くするのは、すなわち被着材の表面張力を高くすることになります。

　被着材料の表面張力を高くするためには、表面の清浄化、表面処理による化成被膜の形成、表面改質などを行います。表面の清浄化は接着の基本ですが、表面清浄化だけでは、もともと表面張力が低い材料の表面張力を高くすることは困難です。また、表面に酸化膜や水酸化膜などの弱い層が残っていては、表面張力が高くても高い強度は確保できないため、除去することが必要です。工業製品に使用されているほとんどの部品の表面（空気中にある材料の表面）は、接着に適した表面張力を持っていないので、表面処理、表面改質は必須の

プロセスと言えます。

❹部品の表面張力

　液体の表面張力は、表面積を小さくするために玉になろうとする力ですが、固体の表面張力は、液体を引っ張ろうとする力になります。表面に液滴を落とすと、図1-3-6のようにある状態で釣り合います。液滴と表面のなす角度θを接触角と呼び、固体の表面張力が大きいほど接触角は小さくなります。すなわち、接触角が小さいほど接着しやすい表面ということになります。

図 1-3-4　分子間力による接着の過程

図 1-3-5　接着剤を塗布しただけでは接触面積は小さい

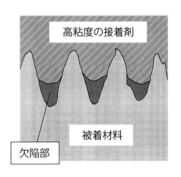

図 1-3-6　固体と液体の表面張力と接触角

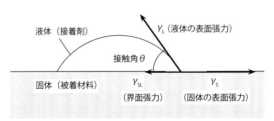

$$\gamma_s = \gamma_L \cos\theta + \gamma_{sL}$$

要点ノート

分子間力によって良好な接着を行うには、①接着剤と被着材表面の分子の距離を近づける、②被着材料の表面張力を高くすることが必要です。工業用接着では表面処理や表面改質が必須という点が、家庭での接着とは異なる点です。

【3】接着のメカニズム

水素結合、表面改質、プライマー

❶最も強い分子間力「水素結合」

　分子間力の中で最も強い結合は「水素結合」と呼ばれています。図1-3-7に示すように、接着剤の水酸基（-OH）と水（H-O-H）や酸素（=O）、窒素（≡N）、カルボキシル基（-COOH）などとの間で形成されます。

❷表面改質

　被着材料表面に、これらの強い吸着層を形成できれば、強い接着ができることになります。図1-3-8は、被着材表面に水を強く吸着させて、接着剤と水の間で水素結合させた理想的な接着状態の模式図です。被着材料表面に水などの吸着層を容易に形成させるには表面改質を行います。

　表面改質の方法としては、大気中で波長の短い紫外線を表面に照射する方法、プラズマを照射する方法、火炎で炙る方法などが代表的な方法です。図1-3-9に、短波長紫外線照射によるプラスチックの表面改質のメカニズムを示しました。大気圧プラズマ照射や火炎処理でも原理は同じです。紫外線のエネルギーと紫外線によって発生したオゾンにより、表面の有機汚染物は二酸化炭素と水に分解されて除去され、露出したプラスチックの表面の結合が切断されて活性な状態となり、表面張力は非常に高くなります。活性な表面は空気中の水や酸素などと簡単に結合を起こします。この面に接着剤を塗布すると、接着剤との間で強い水素結合が起こり結合します。これらの方法は、金属やガラス・セラミックスなどでも接着性向上の効果が得られます[3]。

❸プライマー、カップリング剤処理

　表面改質ができない場合は、清浄にした表面にプライマーやカップリング剤と呼ばれる液体を薄く塗布し、結合を強化する方法があります。プライマーやカップリング剤は、接着剤、被着材とそれぞれ結合しやすい成分を持った低粘度の液状のもので、シランカップリング剤、チタネート系カップリング剤、リン酸塩系処理剤、エポキシ系やフェノール系などの樹脂系などがあります。プライマーやカップリング剤は、対象となる接着剤の種類、被着材の種類によって多くの種類があるので、最適なものを選定する必要があります。表面改質を行った表面に、プライマーやカップリング剤を塗布する場合もあります。

第1章　これだけは知っておきたい 接着の基礎知識

図 1-3-7　水素結合の例

図 1-3-8　理想的な接着の状態

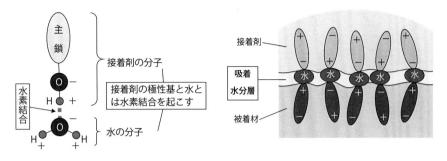

図 1-3-9　表面改質のメカニズム

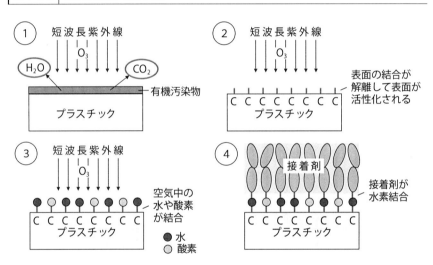

要点 ノート

最も強い分子間力は水素結合です。被着材表面を表面改質して表面に水を強く吸着させれば、吸着水と接着剤は容易に水素結合を起こします。表面改質の代わりに、プライマーやカップリング処理も使われています。

3 接着のメカニズム

表面張力の測定方法

❶固体の表面張力の測定方法

　固体の表面張力の測定法には、接触角測定器を用いて、図1-3-6に示した接触角を測定する方法があります。接着の現場などでもより直接的に簡易に測るには、濡れ張力試験用混合液（濡れ指数標準液）を用いる濡れ張力試験方法（JIS K 6768）が用いられています。濡れ張力試験用混合液は、23℃で22.6～73mN/mまで表面張力が少しずつ異なる液が、図1-3-10に示すような小瓶入りで販売されています。（参考：水の表面張力は72mN/m、エチルアルコールは22mN/mです。）図1-3-11に示すように、表面に微量の液を滴下して、広がりも縮みもしない液の表面張力を求めるものです。JISでは、接着面全面に濡れ張力試験用混合液を広げて塗布して、はじきを見て判定する方法が示されていますが、小物部品では一般に滴下法が用いられています。

　もっと簡単に表面張力の大小を見るには、水切り試験が簡単です。表面に水を垂らして水膜ができれば表面張力は高く、水をはじけば表面張力が低いことが分かります。

❷接着に必要な表面張力

　良好な接着を行うために、表面張力がいくらあればよいか明確な基準は示されてはいません。ただ、筆者の経験からすると、滴下法による測定で36～38mN/m以上あれば、ほとんどの場合に良好な接着ができます。

❸空気中にある各種材料の接着性

①プラスチックス：プラスチック製の容器などが水をはじくのをよく目にします。プラスチックは一般に表面張力が低く、特に、結晶性のプラスチックスや低極性のプラスチックは、表面エネルギー（表面張力）が低いため接着しにくい材料です。表面張力は高くても30mN/m前後です。表1-3-1に、結晶性、低極性の代表的なプラスチックを示しました。そのままの表面ではほとんど接着できないテフロン（ポリテトラフルオロエチレン：PTFE）は、結晶性で無極性であるため表面張力は18mN/mしかありません。

②金属：真空中で加工された新生面は表面張力が高く接着しやすいのですが、空気中で表面に酸化膜や水酸化膜などが生成している一般の表面では表面張

力は高くなく、そのままでは良好な接着は困難です。

③ガラス：清浄な面は表面張力が高く接着しやすいのですが、ガラスの表面は親水性で、表面には各種の汚染物が強固に吸着していて、簡単には除去できないため、簡単な表面処理では十分な接着性は得られません。

| 図 1-3-10 | 濡れ張力試験用混合液 |

| 図 1-3-11 | 濡れ張力試験用混合液（濡れ指数標準液）による濡れ指数の測定法 |

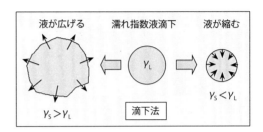

出所：和光純薬工業㈱, Analytical Circle, No.22, (2001.9)

表 1-3-1 | 難接着性プラスチック

結晶性のプラスチック	PTFE（ポリテトラフルオロエチレン）（テフロン）、PE（ポリエチレン）、PP（ポリプロピレン）、POM（ポリアセタール）（ジュラコン）、PA（ポリアミド）（ナイロン）、PBT（ポリブチレンテレフタレート）、PET（ポリエチレンテレフタレート）、PPS（ポリフェニレンサルファイド）、PEEK（ポリエーテルエーテルケトン）、LCP（液晶ポリマー）、など
極性が低いプラスチック	ポリテトラフルオロエチレン（PTFE）（テフロン）、PE（ポリエチレン）、PP（ポリプロピレン）、シリコーン、など

要点 ノート

空気中に置かれた種々の材料の表面張力は一般に低く、そのままでは良好な接着は困難です。良好な接着を行うためには表面処理や表面改質を行って、表面張力を 36〜38mN/m 以上になるようにしましょう。

3 接着のメカニズム

表面の違いによる耐久性の差

❶材質が異なれば耐久性も異なる

図1-3-12は、軟鋼板（SPCC-SD）同士、アルミ板（A5052-H34）同士、リン酸塩処理がされた電気亜鉛めっき鋼板（SECC-P）同士をSGAで接着した、重ね合わせ引張りせん断試験片の屋外暴露における劣化試験の結果です。接着剤が同じでも被着材料の違い、すなわち表面の違いによって、耐環境性が大きく異なることがわかります。部品の材料の選択や表面状態の選定には注意が必要です。

❷材質が同じでも表面処理法で耐久性は異なる

図1-3-13は、銅板同士を1液加熱硬化型エポキシ系接着剤で接着したせん断試験片を、80℃90%RH雰囲気中に60日間暴露した場合の接着強度の経時変化です。表面処理の方法によって、耐湿性が大きく異なることがわかります。暴露前の接着強度が高いものが耐湿性に優れているという関係はないため、表面処理法の検討に当たっては、耐久性まで確認する必要があります。

❸接着劣化を防ぐための表面の状態

接着に適した表面の状態は、接着剤との界面での接着性に優れる（表面張力が高い）とともに、劣化に対する安定性も確保されていることが重要です。アルミニウムや銅などの表面を研磨してすぐに接着すると良好な接着強度が得られますが、熱劣化試験や耐湿性試験を行うと大きく劣化することがあります。これは、劣化試験中の熱や水分によって金属表面に弱い酸化膜や水酸化膜が自然に生成してくるためです。鋼板の接着でも、水分によって接着面に赤錆が生成し、強度が低下していきます。

接着に適した表面は、表面張力が高く、しかも熱や水分に対して安定した表面であることが要求されますが、両者は相反するものです。表面改質を行って活性にした表面には、水や酸素などをしっかりと吸着させて、活性なままの部分をなくすことが必要です。また、金属では安定した化成皮膜やめっきを行なった上に、表面改質することが必要となります。

❹表面粗面化の注意点

表面をブラストして粗面にすることがよくあります。粗面化は接着にとって

効果的ですが、粗し方によっては尖った形状になる場合があります。図1-3-14に示すように、先端が尖った面に硬い接着剤を塗布すると、外力や温度変化による熱応力で先端に応力が集中し、硬い接着剤にクラックが入って強度や耐久性が低下することがあります。粗し方には注意が必要です。

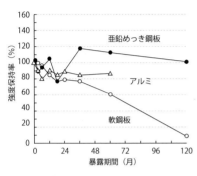

図1-3-12 被着材料の違いによる屋外暴露耐久性の違い（接着剤：SGA）

図1-3-13 銅の表面処理方法による耐湿性の違い（接着剤：1液加熱硬化型エポキシ系）

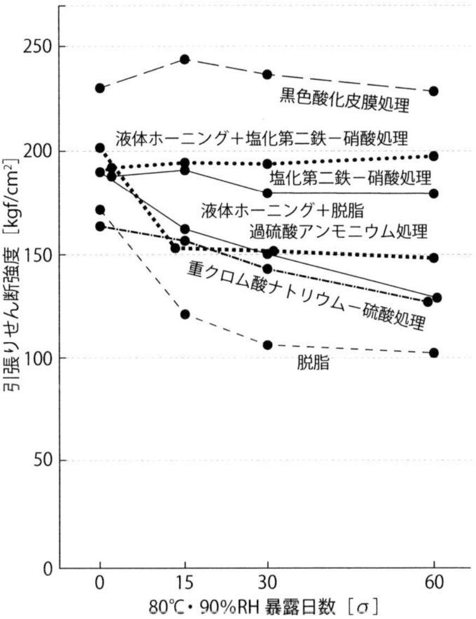

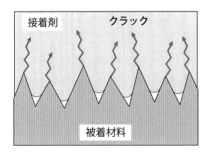

図1-3-14 先端が尖った粗面化表面と硬い接着剤の組合せで起こる接着剤中のクラック

要点ノート

接着の耐久性は、被着材の材質や表面処理によって大きく異なります。熱や水分に安定した、しかも接着剤との接着性に優れた表面状態が必要です。表面の安定化と、表面改質による活性化と活性点への水や酸素の吸着が重要です。

【4】接着特性を低下させる内部応力

内部応力（残留応力）による不具合と内部応力の分類

❶高信頼性・高品質接着の達成は「内部応力との戦い」

　接着剤による接合では、弾性率や線膨張係数など物性が異なる2種類の材料が、さらに物性の異なる接着剤で接合されています。2つの材料は界面で接着剤と結合して拘束されているため、それぞれが自由に動くことはできません。このため、部品の材料や接着剤の物性、接着部の構造や寸法、接着条件、使用環境などによって、接着特性の低下や部品の変形や位置ずれなど多くの問題が生じてきます。

　接着特性および接着した部品の機能・性能を満足させるためには、接着の内部応力（残留応力）を理解して、影響を最小限に抑える種々の検討が必要となります。この点で、高信頼性・高品質接着の達成は「内部応力との戦い」と言っても過言ではないでしょう。接着の内部応力について書かれた書物は少なく、ここで少し詳しく述べていきます。

❷内部応力で生じる不具合

　接着部の内部応力による不具合を大別すると、接着特性の低下と接着される部品の機能や特性の低下に分けられます。

　接着特性の低下としては、①接着強度の低下や接着部の破壊が起こる、②めっきや塗装膜の上で接着した場合にめっきや塗膜が素地から剥がれやすくなる、③接着耐久性が低下するなどがあります。

　接着される部品の機能や特性の低下としては、①意匠部品における意匠性の低下、②精密部品の微小変形、③精密部品の微小位置ずれ、④脆性部品の割れの発生、⑥磁気部品の特性低下などが起こります。

　図1-4-1は、鏡面ステンレス製の平面パネルの裏面に金属製の補強材を接着したものですが、接着剤の硬化で生じた内部応力によって、表面に大きな変形が生じているのがわかります。図1-4-2は、平面状の光学ミラーを金属の台座にスペーサーを介して接着したときのミラーの変形の例です。接着層の厚さを一定にするために、リング状のスペーサー（図示なし）が入れてあるため、接着剤の硬化収縮によって生じた応力によって、接着層の厚さ方向にミラーが引っ張られています。

第 1 章　これだけは知っておきたい 接着の基礎知識

❸内部応力（残留応力）の種類

　図1-4-3に示すように、内部応力には、①接着剤の硬化時の収縮によって発生する硬化収縮応力、②加熱硬化後室温までの冷却過程で生じる熱収縮応力、③使用中の温度変化によって生じる熱応力、④接着剤や被着材料の吸水によって生じる吸水膨潤応力、⑤被着材自体の変形によって接着部に加わる応力などがあります。

図 1-4-1	鏡面ステンレス製平面パネルの接着による歪み

撮影：原賀康介

図 1-4-2	接着剤の硬化収縮応力による光学ミラーの変形例

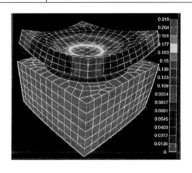

出所：「高信頼性接着の実務－事例と信頼性の考え方－」原賀康介著、日刊工業新聞社、(2013)、P.164-166
"Finite Element Analysis for Internal Stress of Room Temperature Cured Adhesives."HARUNA K, HARAGA K, Tech Pap Soc Manuf Eng, No. AD97-207, (1997), P.1-7

図 1-4-3	内部応力の種類

```
                ─ 硬化収縮応力（接着剤の硬化時に発生）
                ─ 熱収縮応力（加熱硬化後の冷却時に発生）
  内部応力      ─ 熱応力（使用中の温度変化により発生）
 （残留応力）   ─ 吸水膨潤応力
                    接着剤の吸水膨潤応力
                    被着材の吸水膨潤応力
                ─ 被着材の変形による応力
                    被着材料内部の温度むらによる応力
                    接着時の加圧によるスプリングバック力
```

要点 ノート

接着部に作用する内部応力は、接着特性の低下や部品の変形や位置ずれなど多くの問題を生じさせます。高信頼性・高品質接着の達成は「内部応力との戦い」と言っても過言ではないでしょう。

4 接着特性を低下させる内部応力

内部応力の種類①
接着剤の硬化収縮応力

❶接着剤は硬化時に体積収縮を起こす

図1-4-4に示すように、工業用に用いられている接着剤のほとんどは、硬化して液体から固体に変化するときに体積収縮を起こします。室温硬化型接着剤は室温で、加熱硬化型接着剤は硬化中の加熱温度下で体積収縮が起こります。

❷接着剤と被着材表面は液体の時に結合していて動けない

接着剤の硬化が始まると体積収縮が始まりますが、図1-4-4(A)のように、接着剤と被着材表面は、接着剤が液体のときに分子間力で結合しています。このため、界面の結合部分は、接着剤の体積収縮に従って動くことができず、硬化が終ったときには図1-4-4(B)のような形になっています。

❸動けない結合面付近は接着剤の中心に向かって引っ張られた状態

図1-4-4(B)のようになると、結合界面付近の接着剤は接着剤の中心に向かって引っ張られた状態となります。すなわち、界面付近にはせん断と引張りの力が働いています。このように、接着剤の硬化収縮によって生じる力を「硬化収縮応力」と呼んでいます。

❸被着材の弾性率、剛性によって被着材の変形は異なる

両被着材料とも弾性率や剛性が高く、変形しにくい場合は、図1-4-4(B)に示すように、被着材はほとんど変形しません。ただし、弾性率や剛性が低ければ、図1-4-5(A)に示すように被着材の界面付近は圧縮されて反ったり、図1-4-5(B)に示すようにしわになったりします。被着材が変形することで、界面での応力は低下します。

❹硬化収縮応力は接着剤のゲル化までは発生しない

図1-4-6は、接着剤の硬化過程における体積収縮率、弾性率、硬化収縮応力の経時変化を示したものです。接着剤の硬化が始まると、体積収縮はすぐに起こり始めます。硬化の進行に伴って、接着剤は液状→ゲル状→固体と変化します。ゲル状態を過ぎると徐々に硬くなり、弾性率が増加します。弾性率がある程度以上になると硬化収縮応力が生じ始め、硬化が終了するまで続きます。

❺硬化終了後に硬化収縮応力は若干低減する

硬化が終了した時点で硬化収縮応力は最大になりますが、図1-4-6に示すよ

うに、放置時間とともに若干低下します。この応力が低下する現象は「応力緩和」と呼ばれています。応力緩和については46ページで説明します。

図 1-4-4 | 硬化収縮応力

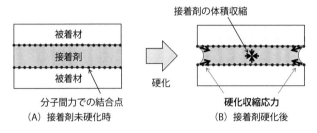

(A) 接着剤未硬化時　　(B) 接着剤硬化後

図 1-4-5 | 被着材の弾性率、剛性が低い場合の硬化収縮応力による変形

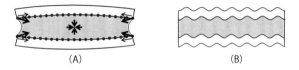

(A)　　(B)

図 1-4-6 | 接着剤の硬化時間と体積収縮率、弾性率、硬化収縮応力の変化

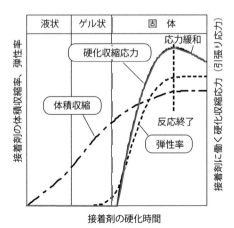

出所：「高信頼性接着の実務－事例と信頼性の考え方－」原賀康介著、日刊工業新聞社, (2013)、P.166-167
「高信頼性を引き出す接着設計技術－基礎から耐久性、寿命、安全率評価まで－」原賀康介著、日刊工業新聞社、(2013)、P.50-52

要点 ノート

接着剤は硬化するときに体積収縮を起こします。接着剤と被着材表面は分子間力で結合していて自由に動けないので、界面付近は縮めずに接着剤が引っ張られた状態になります。これを硬化収縮応力と言います。

4 接着特性を低下させる内部応力

内部応力の種類②
加熱硬化後の熱収縮応力

❶加熱硬化型接着剤は硬化後に室温まで冷却される
　加熱硬化型接着剤の場合は、図1-4-7(A)のように、加熱温度下で体積収縮を起こし、硬化収縮応力が発生します。加熱温度で硬化終了後に室温まで戻すときに、被着材と硬化した接着剤の線膨張係数は異なるため、同じ温度差で生じる収縮長さは異なります。被着材料より接着剤の線膨張係数が大きい場合が一般的です。接着剤の線膨張係数が被着材より大きい場合、接着剤と被着材表面は分子間力で結合しているため、冷却時にそれぞれ自由に収縮はできません。その結果、(B)に示すように、界面付近の接着剤は接着剤の中心方向に引っ張られ、界面付近に力が働きます。この力を「熱収縮応力」と呼びます。

❷被着材の弾性率、剛性によって被着材の変形は異なる
　両被着材料とも弾性率や剛性が高い場合は、図1-4-7(B)のように被着材はほとんど変形しませんが、弾性率や剛性が低ければ、図1-4-8(A)のように硬化収縮応力ですでに生じている変形が、図1-4-8(B)のようにさらに大きくなったり、しわになったりします。

❸硬化した接着剤のガラス転移温度（Tg）
　図1-4-9に示すように、硬化後の接着剤の弾性率はある温度を境に、急激に変化します。この温度はガラス転移温度（Tg）と呼ばれています。線膨張係数はTg以下の温度領域では、Tg以上の温度領域より小さくなります。Tgは接着剤の組成によって、高いものから室温以下の低いものまであります。室温で柔らかいゴムのTgは室温以下ということです。

❹熱収縮応力は硬化温度と硬化後の接着剤のガラス転移温度（Tg）で変化する
　図1-4-9に示すように、加熱硬化時の温度が硬化後の接着剤のTgより高い場合は、硬化時に硬化収縮しますが、硬化後の弾性率はTg以上で低いため、硬化収縮応力はあまり高くありません。硬化温度から接着剤のTgまでの冷却時も、線膨張係数の差により熱収縮応力は発生しますが、Tg以上では接着剤の弾性率が低いため、それほど大きくはなりません。Tg以下に冷却されると、接着剤の弾性率が急激に高くなるため、大きな熱収縮応力が発生します。

　加熱硬化時の温度が硬化後の接着剤のTgより低い場合は、硬化後の接着剤

の弾性率はすでに高いため、硬化収縮応力は大きくなります。硬化温度から室温までの温度差は Tg と室温との温度差より小さく、接着剤の線膨張係数も Tg 以下で小さいため、室温まで戻ったときの熱収縮応力は Tg 以上の温度で硬化した場合より小さくなります。

図 1-4-7　熱収縮応力（接着剤の線膨張係数が被着材より大きい場合）

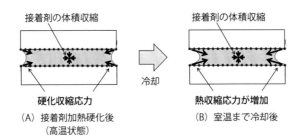

（A）接着剤加熱硬化後　　　　　（B）室温まで冷却後
（高温状態）

図 1-4-8　被着材の弾性率、剛性が低い場合の熱収縮応力による変形

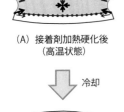

（A）接着剤加熱硬化後
（高温状態）

　冷却

（B）室温まで冷却後

図 1-4-9　加熱硬化後の冷却過程における熱収縮応力の発生と接着剤硬化物のガラス転移温度 Tg の影響

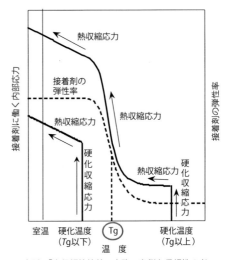

出所：「高信頼性接着の実務－事例と信頼性の考え方－」原賀康介著、日刊工業新聞社, (2013)、P.167-169

要点ノート

硬化した接着剤と被着材の線膨張係数は異なるため、接着剤を加熱硬化して室温まで冷やすと、界面付近に大きな応力が加わります。この応力を熱収縮応力と言います。加熱硬化の温度を Tg 以下にすると、熱収縮応力は低減します。

4 接着特性を低下させる内部応力

内部応力の種類③
使用中の温度変化による熱応力

❶使用中に低温になった場合

　硬化温度にかかわらず、硬化後の室温状態では、図1-4-10(A)に示すように硬化収縮応力や熱収縮応力が発生しています。この状態から使用時に低温になると、接着剤も被着材も線膨張係数に合わせて熱収縮を起こしますが、接着剤の線膨張係数が被着材より大きい場合は、(B)に示すように内部応力はさらに増大します。

❷使用中に高温になった場合

　使用時に高温になると、被着材より接着剤の伸びが大きいため、接着剤の縮み量は少なくなり、図1-4-10(C)に示すように内部応力は低減します。室温硬化の場合で被着材の弾性率や剛性が低い場合は、(D)のように高温で接着剤が膨張し、逆方向に応力が発生することもあります。

❸硬化温度、接着剤のTgとの関係

　図1-4-11に、接着剤のTg、硬化温度と低温時、高温時の内部応力の変化を示しました。図中の白丸は硬化温度で発生した硬化収縮応力の大きさを、黒丸は室温まで冷却したときの内部応力を示しています。

　室温硬化の場合は、室温からTgの手前までは線膨張係数差に従う傾きで内部応力は低下し、Tg付近で接着剤の弾性率が急激に低下するため、内部応力は低下します。高温では接着剤が被着材の長さ以上に膨張することもあり、逆反りが発生します。

　Tg以下での加熱硬化の場合も、温度の上昇につれて室温硬化の場合と同様に、内部応力は低減していきます。

　Tg以上で加熱硬化した場合も同様で、Tg付近で接着剤の弾性率が急激に低下して内部応力も低下しますが、硬化後の冷却時に生じていた熱収縮応力が高いため、Tg以上での内部応力もある程度残ります。硬化時の温度では、硬化時に生じた硬化収縮応力とほぼ等しくなります。

❹冷熱繰返しでは低温に注意

　先述したように、内部応力は低温になるほど大きくなります。高温になると内部応力は低減します。冷熱繰返しなどの温度変化が加わる場合は、高温より

低温で接着部の損傷や破壊が生じます。低温では、接着剤が硬く脆くなりやすいので注意しましょう。

図 1-4-10 | 使用中に接着部が低温や高温状態になったときの内部応力による変形
（接着剤の線膨張係数が被着材より大きい場合）

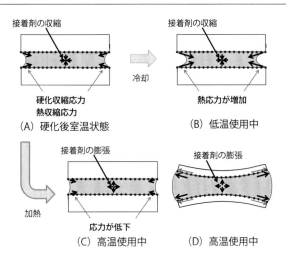

図 1-4-11 | 接着剤の Tg、硬化温度と低温時、高温時の内部応力の変化

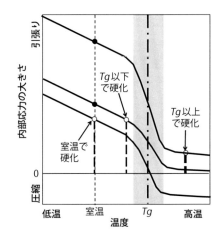

要点ノート

接着部が使用時に低温になると、接着剤と被着材の線膨張係数の違いから内部応力は増大します。使用時に高温になると内部応力は低減するので、あまり問題とはなりません。冷熱繰返しが加わる場合は、低温に注意しましょう。

【4】接着特性を低下させる内部応力

内部応力の種類④
吸水膨潤応力

❶接着剤が水を吸うと体積が膨張する

　有機物の接着剤は、接着剤の組成によって差はありますが、吸水を起こします。吸水すると体積膨張を起こします。これを吸水膨潤と言います。図1-4-12に示すように、薄い金属板に接着剤を厚めに塗布して硬化させると、接着剤の硬化収縮によって(B)のようにたわみます。これを水の中に浸けておくと、(B)→(C)→(D)とたわみ量が減っていき、最後には逆反りします。乾燥させると(B)の状態に戻ります。平らになった(C)の状態は、接着剤が吸水膨潤することによって、硬化収縮していた分がキャンセルされたということです。これを考えると、若干の吸水は内部応力を低下させるプラスの面も持っているということになります。

　2液室温硬化型変性アクリル系接着剤（SGA）を用いた実験では、硬化収縮によって接着強度が30%程度低下させられていますが、吸水によって低下分が回復するというデータも見られます[4]。

❷被着材料のプラスチックも吸水膨潤する

　図1-4-13に示すように、被着材としてプラスチック材料が使用される場合は、吸水によってプラスチック部品が伸びて、接着不良を起こすことがあります。プラスチック部品がある程度の厚さがある場合には、水に触れている表面から厚さ方向に吸水率の分布ができて、吸水率が高い表面付近が大きく伸びます。その結果、図1-4-13に示すように、プラスチック部品が反って、接着部の中央付近に大きな引張りの力が働くことになります。

　接着強度が弱かったり接着剤の破断伸び率が小さかったりする場合には、接着界面でのはく離や接着剤内部での破断が起きることになります。破断伸び率が大きくて柔らかい接着剤を用いて、接着層の厚さをできるだけ厚くしておく必要があります。

　吸水して伸びやすいプラスチックとしては、ナイロンやアクリルなどがあります。吸水膨張が大きなプラスチックでは数%程度膨張します。一般にプラスチックの線熱膨張係数は10^{-5}〜10^{-4}/℃のオーダーです。%は1/100のため10^{-2}オーダーです。つまり、吸水による膨張は、100℃以上の温度変化に匹敵する

伸び量になります。吸水膨張しやすいプラスチック材料の接着では注意が必要です。

図 1-4-12　接着剤の吸水膨潤応力による変形

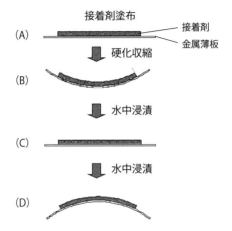

出所：「高信頼性を引き出す接着設計技術－基礎から耐久性、寿命、安全率評価まで－」原賀康介著、日刊工業新聞社、（2013）P.56-57

図 1-4-13　被着材料のプラスチック板の吸水膨張による反り

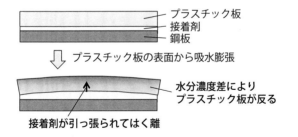

要点 ノート

樹脂系の接着剤は吸水して体積膨張を起こします。吸水膨張すると、硬化収縮や熱収縮で縮んでいた接着剤の縮み量が減るので、内部応力は低下します。被着材にプラスチックを用いる場合は、吸水による被着材の変形に要注意です。

【4】接着特性を低下させる内部応力

内部応力の種類⑤
被着体の変形による応力

❶被着材料内部の温度むらによる部品の変形

　図1-4-14に示すように、厚物の部品を熱プレスや空気加熱で加熱硬化する場合、昇温の途中では②のように、部品の表面は温度が高く、接着部の温度は低いため、部品が反って、接着中央部で口開き状態が生じます。口開きが生じると、接着部には周りから空気が入り込んで接着欠陥を生じます。硬化後冷却段階では、④のように部品の表面から冷えていくため、部品は昇温中とは逆に反ります。その結果、接着部の端部付近で口開き状態となり、界面での接着強度以上の力で引っ張られたり、接着剤の伸びが口開き量に追従できなくなったりすると、接着部での破壊に至ります。加圧力が低い場合に、口開きが起こりやすくなります。

　接着強度が高い接着剤は一般に破断伸び率が低いため、口開きに接着剤の伸びが追従できず、破壊することがあります。例えば、接着層の厚さが0.10mmで、接着剤の破断伸び率が50％であれば、0.05mmの口開きで破壊することになります。接着層を厚くすれば、同じ伸び率の接着剤でも破壊を回避できます。

　なお、接着部品の表面と内部との温度差は、使用中でも短時間での温度変化がかかる場合には生じます。温度分布によって生じる接着層の寸法変化に対応できる接着層厚さの設計や、接着剤の選定が必要です。

❷接着時の加圧力での部品の変形によるスプリングバック力

　接着しようとする2つの部品の接着面がぴったり合わないことは多々あり、接着時に加圧を行って接着面を押しつけて接着することがよくあります。図1-4-15(A)に示すような反った部品を相手側の部品に押さえ付けて接着すると、接着剤硬化時は、(B)のように接着層が薄くなっており、硬化後に加圧を解除すると(C)のように平らになっています。

　しかし、反っていた部品には、元の形に戻ろうとするスプリングバック力が、接着層に対して引張り方向に作用しています。接着後の焼付け塗装などのように、接着部が高温に曝されると、接着剤が柔らかくなって、(D)のようにスプリングバック力によるはく離が生じることがあります。高温に曝されなく

ても、長期間スプリングバック力が作用した状態で使用されていると、スプリングバック力がクリープ力となり、徐々に浮きや剥がれが生じることになります。粘着テープのように柔らかい接着剤では特に注意が必要です。

図 1-4-14　厚物の加熱硬化における、被着材料内の温度分布による被着材料の変形と接着部へのダメージの発生

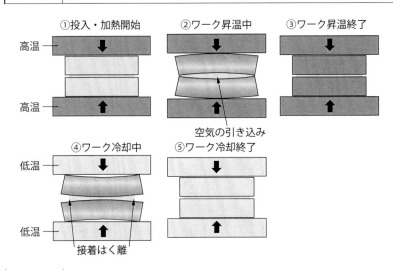

図 1-4-15　反った部品を押さえつけて接着した場合に、加圧解除後に生じる部品のスプリングバック力と接着部の破壊

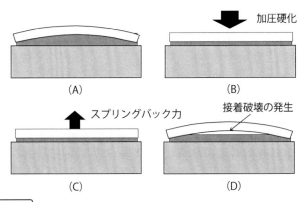

要点ノート

接着される部品中に温度分布があれば、部品は変形して接着層厚さが変化します。反った部品を押さえつけて接着すると、加圧解除後にスプリングバック力が接着層に作用します。変形や力の見落としは接着不良につながります。

【4】接着特性を低下させる内部応力

接着剤の粘弾性特性と応力緩和

❶弾性体、粘性体、粘弾性体

　接着剤などの樹脂材料は、金属のような弾性体や高粘度液体のような粘性体ではなく、その両方の性質を持った粘弾性体と呼ばれるものです。図1-4-16に示すように、弾性体の分子モデルは一般に(A)のように「ばね」で示され、粘性体の分子モデルは一般に(B)のように「ダッシュポット」や「ダンパー」で示されます。粘弾性体は、(C)や(D)などで表わされます。弾性体は、加えた力に対して伸びが比例し、力を加える速度が速くても遅くても同じです。粘性体は、強い力を急速に加えても急激には応答しませんが、小さな力でもゆっくりと加えると変形し、力が加わっている間は変形が続きます。

❷粘弾性体の応力緩和

　図1-4-17に示すように、(A)の粘弾性体を一定の変位まで引っ張って止めた場合、引っ張って止めた直後は、(B)のようにP_0の引張り力が加わっていますが、時間が経つにつれて(C)(D)のようにダッシュポットの変位が大きくなり、引張り力はP_1, P_2と減少していきます。これを粘弾性体の応力緩和と言います。

　応力緩和は、温度が高いほど、加わっている力が大きいほど大きくなります。

❸接着部の内部応力の発生と緩和

　図1-4-18は、エポキシ系接着剤を薄い金属板の上に塗布して、室温硬化後50℃で後硬化させて室温に戻した場合の、金属板の反りから求めた内部応力の変化です。まず、室温での硬化によって、a→bのように硬化収縮応力が生じます。次に、50℃まで加熱中には、線膨張係数は接着剤が金属板より大きいため、b→cのように反りは小さくなっていきますが、37℃付近から未反応分の後硬化が始まり、c→dのように、再び硬化収縮応力が発生します。

　50℃になっても硬化反応は続いて、さらにd→eと硬化収縮応力が発生します。50℃から室温までの冷却段階では、接着剤の線膨張係数が大きいため、e→fのように熱収縮応力が発生します。b→cの傾きよりe→fの傾きが小さいのは、硬化が進んで線膨張係数が小さくなったためと考えられます（弾性率は、後硬化終了後の方が高くなっていますが、線膨張係数の影響の方が大きく

現れています)。室温に戻った後、放置時間とともに、f→gのように内部応力が低減しています。これが、応力緩和です。この実験では、50℃で硬化後すぐに室温まで戻していますが、応力緩和の速度は温度が高いほど早くなるので、50℃で保持すればe点の応力は短時間で緩和したと思われます。

図 1-4-16 　弾性体、粘性体、粘弾性体の分子モデル

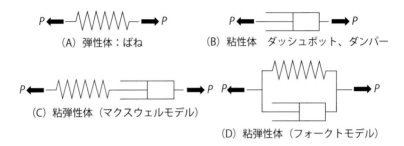

出所:「高信頼性を引き出す接着設計技術－基礎から耐久性、寿命、安全率評価まで－」原賀康介著、日刊工業新聞社、(2013)、P.45-49

図 1-4-17 　粘弾性体の応力緩和

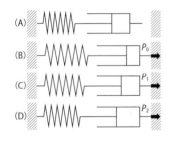

図 1-4-18 　接着剤を塗布した薄金属板の反りから求めた内部応力の変化

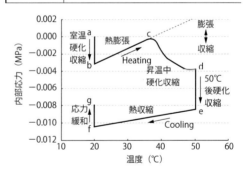

出所:"エポキシ系接着剤硬化過程における残留応力発生挙動" 春名一志、寺本和良、原賀康介、月舘隆二著、日本接着学会誌, Vol.36, No.9, (2000), P.39

要点ノート

接着剤は粘弾性という性質を持っています。粘弾性体は一定の変位で力が加わっていると時間とともに応力緩和を起こし、内部応力は若干低減します。応力緩和速度は、温度が高いほど、加わっている力が大きいほど速くなります。

4 接着特性を低下させる内部応力

内部応力による不具合と改善策①
異種材料接着

❶異種材料の加熱硬化接着における熱応力

　加熱硬化型接着剤を用いて加熱硬化し、室温まで冷やしたときや低温での使用中に生じる内部応力は、同種材料同士の接着の場合は図1-4-7および図1-4-10に示したように、接着剤と被着材料との線膨張係数の違いが問題となります。一方、異種材料接着の場合は図1-4-19に示すように、2つの被着材料の線膨張係数の違いで変形が生じ、内部応力はさらに大きくなります。

　一方の被着材の剛性が高く、一方の被着材の剛性が低い場合には、剛性の高い部材は曲がらないため、接着端部の界面付近では大きな応力が加わってきます。

　線膨張係数が異なる低剛性材料を加熱硬化後、室温まで冷却すると、図1-4-20に示すように、両部材ともに反りが生じます。接着層の厚さは、端部より中央部で若干厚くなります。

❷異種材の室温硬化後の温度変化による熱応力

　図1-4-21は、接着部が平面状の高剛性・低膨張係数材料Aと低剛性・高膨張係数材料Bを室温硬化接着した後、加熱したときの変形状態です。接着端部で接着層が厚くなるような変形をします。

　図1-4-22は、線膨張係数が異なる低剛性材料同士を室温硬化接着した後、低温に冷却した時の変形状態です。①のように、両部材が同じ方向に反るのが一般的ですが、被着材料の弾性率や剛性が非常に低く、線膨張係数の差が小さい場合には、②のように接着層の中央部が厚くなるような変形が生じます。

❸加熱硬化では、高温で被着材が伸びた状態で硬化している

　加熱硬化の場合は、被着材が加熱温度まで熱せられて大きく伸びた状態で接着剤が硬化するため、室温に戻しても元の室温での寸法に戻らなくなるという問題も生じます。

❹異種材接着における内部応力の低減策

　❶❷で述べたように、加熱硬化型接着剤を用いるか室温硬化型接着剤を用いるかで、接着された部品の使用温度範囲における接着部の熱応力や熱変形の程度は異なります。中温硬化など硬化温度の最適化によって、使用温度範囲での

熱応力や熱変形の影響を低減できます。部品の剛性の組合せの最適化でも、熱応力や熱変形の影響を抑えることが可能です。

| 図 1-4-19 | 接着部が平面状の高剛性・低膨張係数材料Aと低剛性・高膨張係数材料Bの加熱硬化接着後、室温まで冷却した時の熱応力による変形 |

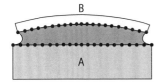

| 図 1-4-20 | 線膨張係数が異なる低剛性材料の加熱硬化接着後、室温まで冷却した時の熱応力による変形（線膨張係数：被着材B＞被着材A） |

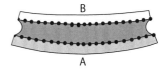

| 図 1-4-21 | 接着部が平面状の高剛性・低膨張係数材料Aと低剛性・高膨張係数材料Bの室温硬化接着後、加熱した時の変形 |

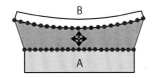

| 図 1-4-22 | 線膨張係数が異なる低剛性材料の室温硬化接着後、低温に冷却した時の熱応力による変形（線膨張係数：被着材B＞被着材A） |

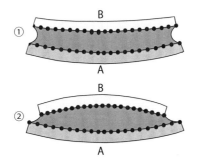

要点ノート

異種材料の接着では、同種材の接着の場合より熱応力や熱変形が大きくなります。接着剤の硬化温度や被着材の剛性によっても大きく異なります。接着剤の硬化温度や部品の剛性の最適化を考えましょう。

【4】接着特性を低下させる内部応力

内部応力による不具合と改善策②
異種材料の勘合接着

❶線膨張係数が大きな軸部品と線膨張係数が小さな穴部品の加熱硬化接着

　図1-4-23(A)に示すように、接着剤を塗布して軸を穴に挿入した時点では、クリアランス（接着層厚さ）は所定の寸法になっていますが、加熱硬化を行うために加温すると、軸径は穴径より膨張が大きいため(B)のようにクリアランスは狭くなり、この状態で接着剤が硬化します。硬化後、室温まで冷却すると、部品は元の寸法に戻ろうとするため、(C)のようにクリアランスは硬化中より大きくなります。接着剤は両界面で結合しており、接着剤は厚さ方向に引っ張られた状態となっています。引張り力が界面での接着強度より大きくなれば、界面で破壊します。接着剤の伸びがクリアランスの増大に追従できなければ、接着剤の中で破断することになります。使用中に低温になると、クリアランスはさらに大きくなり、接着部での破壊は起こりやすくなります。

　接着部の破壊の回避策の1つは、もともとのクリアランスを大きく設計することです。クリアランスが大きければ、温度変化に対するクリアランスの変化率は小さくなり、接着剤が引き延ばされる率は小さくなります。

❷線膨張係数が大きな穴部品と線膨張係数が小さな軸の室温硬化接着

　室温硬化型接着剤を用いる場合は、図1-4-24(A)に示すように所定のクリアランスのままで接着硬化します。低温で使用される場合は、(B)のように、穴径が軸径より大きく縮むため、クリアランスは小さくなり、接着層は厚さ方向に圧縮された状態になることから、接着部の破壊は生じません。使用中に高温になると、(C)のように穴径が軸径より膨張が大きいため、クリアランスは大きくなります。接着剤は両界面で結合しているため、接着剤は厚さ方向に引っ張られた状態となっています。引張り力が界面での接着強度より大きくなれば、界面で破壊します。接着剤の伸びがクリアランスの増大に追従できなければ、接着剤の中で破断することになります。接着部の破壊の回避策の1つは、もともとのクリアランスを大きく設計することです。

❸線膨張係数が大きな軸部品と線膨張係数が小さな穴部品の室温硬化接着

　高温使用時は接着層に圧縮が加わるため、接着部の破壊は生じず、低温使用時は、硬化温度と使用温度の温度差は❶の場合より小さくなるので、❶より破

壊しにくくなります。ただし、穴部品がガラスやセラミックスなどの割れやすい材料では、高温で接着層に圧縮力が加わると、穴部品の表面には円周方向に引張り力が加わるため、部品が割れることもあるので注意が必要です。

❹線膨張係数が大きな穴部品と線膨張係数が小さな軸の加熱硬化接着

高温での硬化時にはクリアランスは大きくなっており、室温までの冷却後や低温での使用時には接着層に圧縮が加わるので、接着部の破壊は生じません。ただし、室温で接着剤を塗布して穴に挿入して硬化温度までの昇温中に、クリアランスが大きくなるため、接着層に空気を引き込んで接着欠陥が生じやすくなります。穴部品を予熱してクリアランスを広げた状態で、接着剤を塗布した軸を挿入する必要があります。

図 1-4-23　線膨張係数が大きな軸部品(A)と線膨張係数が小さな穴部品(B)の、加熱硬化型接着剤による勘合接着における、クリアランスの変化と接着部に加わる力

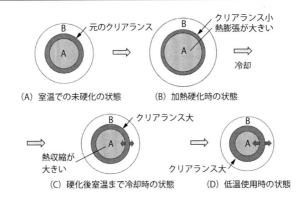

図 1-4-24　線膨張係数が大きな穴部材(A)と線膨張係数が小さな軸(B)の、室温硬化型接着剤による勘合接着における、クリアランスの変化と接着部に加わる力

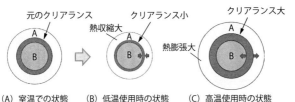

> **要点ノート**
> 異種材料の勘合接着では、接着層は厚さ方向に拘束されているために、穴部品と軸部品の線膨張係数の関係で、室温硬化がよいか加熱硬化がよいかが異なります。クリアランスは大きいほど接着破壊は生じにくくなります。

【4】接着特性を低下させる内部応力

内部応力による不具合と改善策③
部品の構造

❶接着層厚さの調整
　図1-4-25は、接着層の拘束状態の影響を示したものです。接着層の厚さを一定にするために、(B)のように溝や堤防を設けると、厚さ方向に拘束されて硬化収縮や熱収縮の影響を受けやすくなります。(A)のように、厚さ方向の拘束がない場合は、接着剤の硬化や熱収縮に応じて接着層の厚さは薄くなっていきますが、(B)では薄くなれないため、接着剤には大きな引張り応力が働きます。また、角の部分も接着剤中央部に向かって引っ張られており、角部では応力集中が大きいため、角部の界面からはく離しやすくなります。界面はく離が生じると、クラックが界面を伝わって広がりやすいため、はく離個所は容易に拡大していきます。接着では、角部をなくして、できるだけ円弧状の形状にするのが推奨されます。

　接着層の厚さを一定にするためには、(C)のように、樹脂やゴムなどの粒子（スペーサー）を添加するのがよいでしょう。(B)と比べると、内部応力の影響を低減することができます。

❷接着層厚さのばらつきによる被着材の変形
　接着層の厚さが接着部の中で変化している部品も多くあります。貼り合わせる被着材料の剛性が低い場合には、接着層が厚い部分では薄い部分に比べて、硬化収縮や熱収縮による接着層の厚さの変化が大きいため、接着剤によって引っ張られて平面度が悪くなります。

❸はめ込み部品での浮き上がり
　図1-4-26に示すように、線膨張係数が小さく剛性が高い部品に、線膨張係数が大きく剛性が低い部品をぴったりとはめ込んで加熱硬化接着すると、高温では被着材の膨張によって接着部が浮き上がり、欠陥が生じます。

❹接着の位置決め構造の影響
　図1-4-27は、直角三角形のプリズムの底面を台座に接着するときに、位置合わせがしやすいようにプリズム後方部に位置決めの凸部を設けた例です。底面に接着剤を塗布して貼り合わせると、接着剤が凸部にも這い上がってきます。凸部の高さHが高くなるほど、プリズム反射面の平面度が悪くなっていま

す。これは、接着剤の硬化収縮によって、プリズムに接着剤の厚さ方向と面方向に力が加わっているためです。

図 1-4-25　接着層の厚さ調整のための構造と内部応力

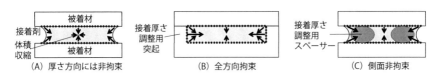

出所：「高信頼性を引き出す接着設計技術－基礎から耐久性、寿命、安全率評価まで－」原賀康介著、日刊工業新聞社、(2013)、P.90-91

図 1-4-26　はめ込み接着における反りと欠陥の発生

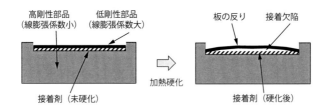

図 1-4-27　反射面の変形に及ぼす部品の位置決めのための凸部の高さ H の影響

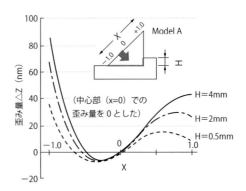

出所："接着による光学歪に及ぼす接着条件の影響"寺本和良、西川哲也、原賀康介著, 日本接着協会誌, Vol.25, No.11, (1989)、P.7
「高信頼性接着の実務－事例と信頼性の考え方－」原賀康介著、日刊工業新聞社、(2013)、P.164-166

> **要点ノート**
> 接着部の構造は、強度面や作業性の面から決められることが多いですが、構造に関わる接着の内部応力は、思わぬトラブルの原因となります。構造設計は、内部応力の影響も考慮して行ってください。

4 接着特性を低下させる内部応力

内部応力による不具合と改善策④
接着剤の塗布量と塗布位置

❶はみ出し部での変形
　接着剤を塗布して貼り合わせて加圧すると、接着剤がはみ出します。耐久性や強度の面からは、はみ出し部は有効ですが、内部応力によって部品に変形を起こしやすくなります。図1-4-28は、平面パネルにハット形補強材をつばの部分で接着したものです。はみ出した接着剤は、硬化時に体積収縮を起こして、部品を接着剤の方向に引っ張ってきます。はみ出し量が多いほど変形は大きくなります。目に見えて手が届くところは拭き取り除去も可能ですが、補強材内側のはみ出し部や曲げR部では除去できないので、極力はみ出さないように塗布することが重要です。

❷接着剤の塗布位置、塗布量のアンバランスによる部品の位置ずれ
　精密部品の組立では、位置合わせ装置で正確に位置決めをした状態で、図1-4-29に示すように、接着剤を部品の角部に肉盛りして接着する隅肉接着法が多用されます。(A)は平面部に四角形部品を2カ所の隅肉で接着する場合、(B)は、段付きの軸にドーナツ状の平面部品を4カ所の隅肉で接着する場合です。隅肉接着では、接着剤の塗布位置の対称性と塗布量の均一性が重要です。位置や量のバランスが崩れると、接着剤の硬化収縮によって接着剤の量が多い方向に部品がずれてしまいます。

　なお、接着剤の混合不十分や、紫外線照射時の照度ばらつきなどによる接着剤の弾性率や硬化収縮率のばらつきも、位置ずれの原因となります。

❸勘合接着における偏心（クリアランスのアンバランス）
　図1-4-30は、穴に軸を差し込んで接着する勘合接着です。軸を穴に挿入するときに、軸と穴の中心をぴったり合わせて差し込むことは容易ではないので、通常は(A)のように偏心してしまいます。この状態で接着剤が硬化すると、軸は接着層の厚さが厚い方に引っ張られます。接着層が薄い部分には引張り力が加わることになり、接着はく離が生じやすくなります。

　そこで穴部品が剛体の場合は、軸に段をつけて、穴の入り口部のクリアランスを小さくしたり、薄肉のパイプであれば、挿入後に外管に巻きかしめを行ってセンター合わせを行ったりするなどの工夫が必要です。巻きかしめは、挿入

時に生じた接着剤の掻き取りによるリークパスをなくし、リーク不良の解消にも効果的です。

図 1-4-28 | 接着剤のはみ出し部による部品の変形

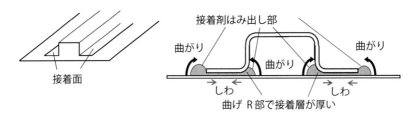

図 1-4-29 | 接着剤の塗布位置、塗布量の不均一による部品の位置ずれ

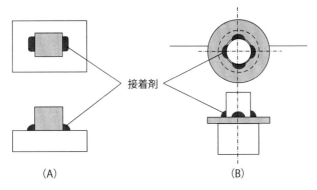

図 1-4-30 | 勘合接着における、軸挿入時の偏心による接着はく離

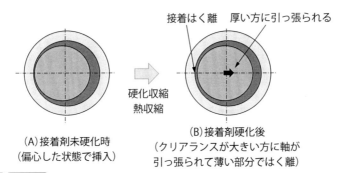

> **要点ノート**
> はみ出した接着剤は、硬化収縮によって部品を引張り変形させます。精密部品の隅肉接着では、塗布位置と塗布量の均一性が重要です。軸と穴の勘合接着での偏心は、接着はく離の原因となります。構造設計、接着施工では要注意です。

【4】接着特性を低下させる内部応力

内部応力による不具合と改善策⑤
接着剤の物性、部品の厚さ

❶接着剤の弾性率と硬化収縮率

図1-4-31は、弾性率と硬化収縮率が異なる各種の接着剤で、ガラス製プリズムミラーの底面を金属台座に室温で接着した場合の、プリズム反射面の変形量を測定した結果です。用いた接着剤のおおよその弾性率と、液体から硬化終了までの全体の収縮率を表1-4-1に示しています。Eはエポキシ系、Uはウレタン系、Sはシリコーン系、AはSGA（2液アクリル系）、Cは瞬間接着剤（シアノアクリレート系）です。弾性率が高く硬化収縮率が大きい接着剤ほど、歪みが大きくなっていることがわかります。

硬化収縮率は36ページで述べたように、正確にはゲル化から硬化終了までの収縮率が効いてきますが、この結果から、液体から硬化終了までの全体の収縮率で見ても、傾向はつかめることがわかります。

❷部品の厚さの影響

図1-4-32は、図1-4-31の歪みを、反射面の下半分（PartⅠ）と上半分（PartⅡ）とに分けて計測したものです。PartⅡでは、いずれの接着剤でも歪みは小さく、PartⅠでは、接着剤の種類によって歪みの程度が大きく異なることがわかります。これは、接着面から反射面までの厚さ（高さ）の違いによるものです。すなわち、部品が薄くて剛性が低い部分では、接着剤の硬化収縮応力の影響が反射面にまで及んでいますが、部品が厚くて剛性が高い部分では、反射面にまで影響が及んでいないということです。

❸接着剤の選び方

❶❷の結果から、部品の剛性を高くすれば、接着剤選定の自由度は広がる、部品が内部応力の影響を受けやすい場合は、接着剤の選定は慎重に行う必要があることになります。接着剤は、機器の性能・機能を満足させるために、様々な要求条件から選定しなければならないため、部品側で対策ができることは部品側で行うなど、構造設計面からの検討は重要です。

第1章 これだけは知っておきたい 接着の基礎知識

図 1-4-31　接着剤の種類によるプリズム反射面の歪み

表 1-4-1　左図で用いた接着剤の弾性率と硬化収縮率

接着剤	弾性率 (kg/mm²)	硬化収縮率 (%)
E1	低 (35)	小 (2〜3)
U1	低	小
U2	低 (105)	小
S1	低 (75)	大 (14)
U3	中	中
A1	低	大
S2	低	大
E2	高 (400)	小 (3)
U4	高	中
C	高	大 (10〜16)
A2	中	大

出所:「高信頼性接着の実務－事例と信頼性の考え方－」原賀康介著、日刊工業新聞社、(2013)、P.169-173

図 1-4-32　接着面から反射面までの部品の厚さと、接着剤の弾性率、硬化収縮率が反射面の歪みに及ぼす影響

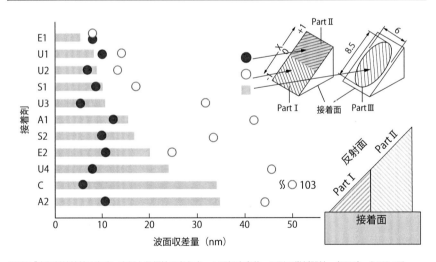

出所:「高信頼性接着の実務－事例と信頼性の考え方－」原賀康介著、日刊工業新聞社、(2013)、P.169-173

要点ノート

弾性率が高く硬化収縮率が大きい接着剤ほど、部品の歪みは大きくなります。しかし、部品の剛性を高くすれば接着歪みは小さくなり、接着剤選定の自由度は広がります。部品側での対策など、構造設計面からの検討は重要です。

【4】接着特性を低下させる内部応力

内部応力による不具合と改善策⑥
接着剤の短時間硬化、後硬化

❶接着剤を急速に硬化させると歪みは増加する

図1-4-33は、図1-4-31および図1-4-32と同じプリズムミラーの底面接着における、反射面の歪みに及ぼす紫外線硬化型接着剤の硬化条件の影響を示したものです。紫外線硬化型接着剤は短時間で硬化できるのが特徴ですが、紫外線の照射強度を強くして短時間で硬化させると、ミラー反射面の歪みが増加することがわかっています。また、紫外線の照射時に部品に熱が加わると、歪みが増大することも知られています。

光学部品など歪みを嫌う部品では、紫外線硬化型接着剤ではできるだけ弱い照度で時間をかけて硬化する、照射時には熱線吸収フィルターを用いるなど、部品や接着部の温度上昇を防ぐための注意が必要です。弱い光で硬化させると硬化に時間がかかりますが、ゲル化までは硬化収縮応力は生じないので強い光を照射し、ゲル化から硬化完了までは照射強度を落として照射することで硬化時間を短縮させることができます。

紫外線硬化型接着剤だけでなく、他の種類の接着剤でも、温度を高くして短時間で硬化させると歪みが増大します。これは、温度が高いほど硬化率が上がって硬化後の弾性率が増加すること、加熱硬化すると冷却によって熱収縮応力が加わること、応力緩和時間が取れないため内部応力の緩和が少なくなるなどのためです。加熱硬化後の冷却段階で徐冷したり、中程度の温度でアニールすることにより、内部応力を緩和させることができます。

❷接着剤の後硬化による内部応力の変化と安定化

室温硬化型エポキシ系接着剤での、室温硬化後の加熱による後硬化の進行に伴う内部応力の増加については図1-4-18でも示しましたが、**図1-4-34**は、図1-4-18での応力緩和（g点）以後に、50℃加熱と室温までの冷却を繰り返した場合の内部応力の変化を測定したものです。50℃加温で再び硬化収縮応力が発生していますが（h→i）、2度目の加温では硬化収縮応力は増加せず（l→m）、やっと安定化しています。製品の使用中に温度が上昇して、接着剤が後硬化を起こすと、部品の変形や位置ずれが生じることとなるので、アニールを行って硬化を完了させておくことが重要です。

図 1-4-33 プリズムミラーの底面接着における、反射面の歪みに及ぼす紫外線硬化型接着剤の硬化条件の影響

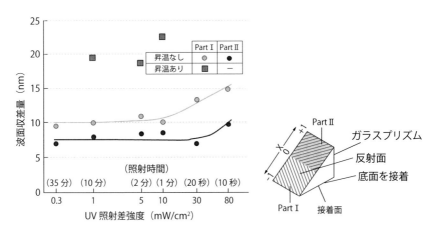

出所:「高信頼性接着の実務－事例と信頼性の考え方－」原賀康介著、日刊工業新聞社、(2013)、P.169-173

図 1-4-34 アニールによる内部応力の安定化の例（2液室温硬化型エポキシ系接着剤）

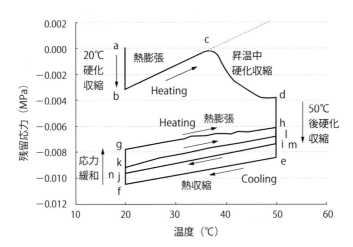

出所:"エポキシ系接着剤硬化過程における残留応力発生挙動" 春名一志、寺本和良、原賀康介、月舘隆二著, 日本接着学会誌, Vol.36, No.9, (2000), P.39

> **要点 ノート**
>
> 接着剤を急速に硬化させると、内部応力が増加します。できるだけゆっくりと硬化することが重要です。完全硬化していないと、使用中に後硬化が生じて内部応力が増加するため、後硬化を兼ねてアニールを行いましょう。

【4】接着特性を低下させる内部応力

内部応力の評価法①
応力を直接求める方法

❶バイメタル法

接着剤の硬化過程から、硬化後の温度変化や放置時間による内部応力の変化を直接求める方法として、古くからバイメタル法が用いられています。この方法は、図1-4-35に示すように、金属薄板の上に接着剤を塗布して硬化させ、金属板の反り量を測定するものです。応力値は(1)式[5]から計算で求めます。この方法を用いて評価した結果の一例が、図1-4-34です。

この方法は、それほど難しくはありませんが、粘度が低い接着剤や加熱によって流動する接着剤では、接着層の塗布厚さをかせげないことや流動によって厚さに不均一が生じやすいという欠点があります。

❷内部応力評価装置を用いる方法

この方法は、市販されている内部応力測定装置（アクロエッジ製[6]）を用いて評価する方法です。この装置は、接着剤の硬化過程における硬化収縮応力や熱応力などを、雰囲気温度を変化させながら直接測定するものです。室温硬化型、加熱硬化型、紫外線硬化型接着剤が測定できます。

図 1-4-35　金属薄板の上に接着剤を塗布して、たわみ量を測定するバイメタル法

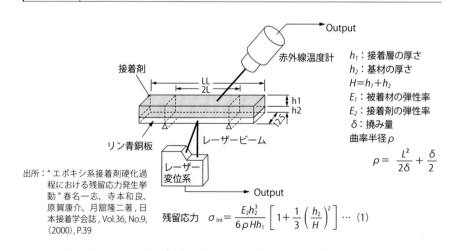

h_1：接着層の厚さ
h_2：基材の厚さ
$H = h_1 + h_2$
E_1：被着材の弾性率
E_2：接着剤の弾性率
δ：撓み量
曲率半径 ρ

$$\rho = \frac{L^2}{2\delta} + \frac{\delta}{2}$$

残留応力　$\sigma_{int} = \frac{E_2 h_2^3}{6\rho H h_1}\left[1 + \frac{1}{3}\left(\frac{h_2}{H}\right)^2\right]$ … (1)

出所："エポキシ系接着剤硬化過程における残留応力発生挙動" 春名一志、寺本和良、原賀康介、月舘隆二著、日本接着学会誌, Vol.36, No.9, (2000), P.39

図1-4-36(A)は、内部応力の測定原理を示したものです。(B)は、加熱硬化型エポキシ系接着剤を、室温から昇温して125℃で硬化させた後、室温まで冷やしたときの、発生応力値の測定例です。125℃になってもゲル化までは硬化収縮応力は発生せず、その後、硬化収縮応力が発生していることがわかります。室温までの冷却過程では、大きな熱収縮応力が発生していることがわかります[7]。

この方法は、装置を用いて簡易に評価ができる点が大きな利点です。数種類の接着剤の硬化収縮応力、熱収縮応力などを比較評価する際には有効な手段です。

図 1-4-36 内部応力評価装置による評価法

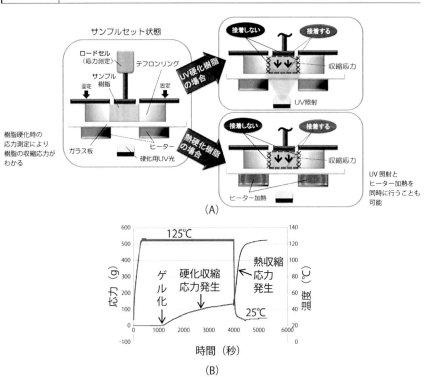

出所:"樹脂硬化収縮率・硬化収縮応力の新しい測定装置について" 中宗憲一著、㈱センテック,〈http://acroedge.co.jp/wp-content/themes/canvas_tcd017_child/document/pdf/koukasyuusyuku-purezen.pdf〉

> **要点 ノート**
> 内部応力を評価することは、高品質接着には非常に重要です。内部応力の大きさを簡易に直接測定する方法には、バイメタル法や市販の内部応力測定装置などがあります。

【4 接着特性を低下させる内部応力

内部応力の評価法②
有限要素法で求める方法

❶有限要素解析で内部応力や接着部品の変形を求めるためには

　内部応力による影響は、部品の材質や構造、寸法にも大きく左右されます。そこで、実際の接着部の構造、材質で生じる内部応力や部品の変形を評価することが重要になります。一般に、FEM（有限要素解析）が用いられますが、接着剤の硬化過程における硬化収縮率と弾性率の経時変化、および硬化後の接着剤と部品材料の弾性率、線膨張係数の温度特性データが必要となります。

❷接着剤の硬化過程における硬化収縮率の経時変化の測定方法

　従来は、ディラトメーター法が用いられていましたが、水銀を用いるため現在はほとんど実施されなくなりました。その代替として、液中で比重の変化を測定するアルキメデス法[8]が開発されています。

　もう1つの方法は、前項で紹介した内部応力測定装置（アクロエッジ製[6]）を用いる方法です。この装置では、室温硬化型、加熱硬化型、紫外線硬化型接着剤の硬化過程における硬化収縮率の経時変化を、雰囲気温度を変化させながら測定することができます。図1-4-37は、加熱硬化型エポキシ系接着剤を、室温から昇温して120℃で硬化させた後、室温まで冷やしたときの膨張・収縮の測定例です[7]。

❸接着剤の硬化過程における弾性率の経時変化の測定方法

　レオメーター（動的粘弾性測定装置）を用いて測定します。

❹硬化後の接着剤の弾性率と線膨張係数の測定方法

　硬化した接着剤の弾性率の温度特性は、DMA（動的粘弾性測定装置）で、線膨張係数は、TMA（熱機械分析装置）で測定します。

❺内部応力の評価

　図1-4-38（A）に示すように、接着剤の硬化過程における硬化収縮率と弾性率の経時変化から、区分的線形解析によって内部応力が求まります[9]。（B）に、2種類の室温硬化型エポキシ系接着剤での計算結果の一例を示します。また、硬化後の接着剤と被着材料の弾性率と線膨張係数から、温度変化による熱応力が求まります。

　これらの物性値を用いて有限要素法で解析すれば、図1-4-2で示したような

実際の接着体の応力や変形を求めることができます。

図 1-4-37 内部応力評価装置による、加熱硬化型エポキシ系接着剤の硬化収縮率の経時変化の測定例

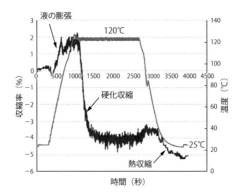

出所：「樹脂硬化収縮率・硬化収縮応力の新しい測定装置について」中宗憲一著、㈱センテック，〈http://www.acroedge.co.jp/wp-content/themes/canvas_tcd017_child/document/pdf/koukasyuusyuku-purezen.pdf〉

図 1-4-38 硬化収縮率と弾性率の経時変化データから、区分的線形解析で硬化収縮応力を求める方法

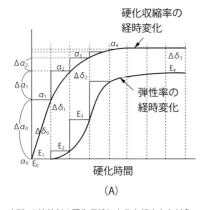

(A)

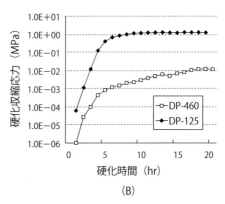

(B)

出所："接着剤の硬化収縮による内部応力を対象とした数値解析手法"，春名一志，原賀康介著，日本機械学会論文集 A 編，Vol.60, No. 579, (1994), P. 2589-2594

出所："アルキメデス法を用いた硬化収縮量と収縮応力の評価法"，長谷川，上山，原賀，廣井著，第 50 回日本接着学会年次大会，(2012), P32B

要点／ノート

内部応力による影響は、部品の材質や構造、寸法にも大きく左右されます。実際の接着部に生じる応力や変形は、有限要素解析で求めます。硬化過程での収縮率・弾性率、硬化後の弾性率・線膨張係数の温度依存性データが必要です。

5 接着剤の種類と長所・短所

構造用接着剤、準構造用接着剤

❶構造用接着剤、準構造用接着剤とは

「構造用接着剤」は、JIS K 6800「接着剤・接着用語」では、「長期間大きな荷重に耐える信頼できる接着剤」と定義されています。もともとは、航空機の部品組立に用いられる接着剤が対象でしたが、現在は多様な用途で使われる高強度・高耐久性接着剤の総称となっています。

「準構造用接着剤」は明確な定義はされていませんが、要求を満たす十分な強度と機能、耐久性を有している接着剤と考えればよいでしょう。代表的な構造用接着剤、準構造用接着剤としては、エポキシ系接着剤、アクリル系接着剤（SGA）、ウレタン系接着剤などがあり、耐熱性が要求されるブレーキシューの接着などでは、フェノール系接着剤も使われています。

❷構造用接着剤、準構造用接着剤の種類、形態、反応機構、長所・短所

表1-5-1に、エポキシ系、アクリル系（SGA）、ウレタン系接着剤の種類、形態、反応機構、長所・短所を示しました。接着剤を選ぶときには、どうしても長所に目を奪われてしまいます。しかし、接着の作業工程や市場での不具合は、接着剤の短所に起因するものがほとんどです。この点から、短所を十分に理解しておくことは、高信頼性・高品質接着の基本となります。

①エポキシ系接着剤：エポキシ樹脂自体は、機械特性や電気特性に優れていますが、硬化後硬いものが多く、接着剤としてはせん断力が高くても、はく離力や衝撃力には弱いのが一般的です。構造強度を確保するためには、各種の樹脂やエラストマーで変成して強靱性が付与されています。

②アクリル系接着剤（SGA）：優れた油面接着性、配合比の許容範囲の広さ、非混合でも接触すれば硬化するなど作業性の良さが最大の特徴です。各種の力に対する抵抗性や耐久性の良さも特徴です。

③ウレタン系接着剤：構造用には主として2液型が用いられます。各種の力に対する抵抗性や耐久性の良さが特徴ですが、高温多湿環境での接着作業では水分で発泡を起こしやすいのが最大の欠点です。

第1章 これだけは知っておきたい 接着の基礎知識

表 1-5-1 　構造用・準構造用接着剤の種類、形態、反応機構、長所・短所

種類	形態	反応機構	長所	短所
エポキシ系接着剤	2液型	主剤（エポキシ樹脂）と硬化剤（アミンなど）との接触による付加重合反応で硬化。室温〜加熱で硬化	・各種の充填剤や樹脂やエラストマーなどによる変性がやりやすいので、品種がきわめて多い ・エポキシ樹脂自体は、機械的特性や電気的特性、耐久性に優れている ・ナイロン、フェノール、ニトリルゴムなどにより変性されたものは構造用接着剤として優れた接着強度と耐久性を有している ・充填剤として銀粉や銅粉などが多量に添加された導電性接着剤もある ・柔軟で弾力性を有した弾性エポキシ接着剤もある ・加熱硬化型の一部のものは油面接着性を有している	・2液型は、界面Bでの接着性という点では今ひとつのものが多い ・2液型のほとんどのものは、油面接着性はない ・硬化後硬いものが多く、はく離強度に劣るものが多い ・2液室温硬化型接着剤は、10℃以下の低温では硬化しにくい ・1液型は、冷蔵や冷凍保存が必要 ・1液型は、硬化温度には下限温度がある ・粉末硬化型の1液型での浸透接着では、昇温の途中でエポキシ樹脂は粘度が低下して浸透するが、硬化剤はまだ溶融していないので接着部に浸透できず、未硬化となる（液状の硬化剤を配合した1液加熱硬化型もある） ・加熱硬化時のガスによる皮膚かぶれに注意が必要
エポキシ系接着剤	1液フローズン型	2液型を計量・混合・脱法してシリンジに充填し、冷凍で反応を止めてあるもの。室温〜加熱で硬化		
エポキシ系接着剤	1液型 フィルム状	加熱により活性化する硬化剤が添加されている。加熱で反応硬化する		
エポキシ系接着剤	固形、粉末状			
アクリル系接着剤（SGA）	2液主剤型	主剤と硬化剤またはプライマーの接触によるラジカルが発生し、連鎖反応的に硬化する	・非常に優れた油面接着性を有している ・海島構造によりせん断、引張り、はく離、衝撃のいずれにも優れた強度を示す ・凝集破壊性が高く、接着強度のばらつきが少ない ・耐久性に優れている ・配合比の許容範囲は非常に広く、簡易混合でも硬化する ・2液を混合しないで、重ね塗布や両面別塗布での接着も可能 ・可使時間経過後、急速に反応して短時間で硬化する ・ポリエチレン（PE）、ポリプロピレン（PP）を表面処理なしで接着できるものもある ・内部応力を緩和しやすい	・MMA（メチルメタアクリレート）含有タイプはアクリル臭が強く、第一or二石油類に分類される（非MMAタイプは低臭気・非危険物である） ・硬化収縮率が大きい ・プライマータイプは、はみ出し部が硬化しにくい ・低臭気の非MMAタイプは、はみ出し部の表面硬化に時間がかかる
アクリル系接着剤（SGA）	1液＋プライマー型			
アクリル系接着剤（SGA）	1液型	加熱により活性化する触媒が添加されている。加熱で反応硬化する		
ウレタン系接着剤	2液型	主剤（ポリオール）と硬化剤（イソシアネート）の接触による付加重合反応で硬化。室温〜加熱で硬化	・硬化物は柔軟なものが多いが、2液型には硬いものもある ・1液型のものはシール材としても多用される ・一般に樹脂への密着性に優れている	・金属への密着性に劣る場合が多く、プライマーが必要な場合も多い ・2液型のイソシアネートは水分と反応して二酸化炭素を発生させるため、高湿度時には発泡しやすい ・2液型のポリオールは空気中の水分を多量に吸収するため密閉保管が重要 ・ポリエステルタイプのポリオールは加水分解性があるので高温高湿度中での使用には注意が必要。ポリエーテルタイプは加水分解性はない ・油面接着性はない ・1液水分硬化型は、季節（湿度）により硬化時間が変化する ・1液水分硬化型は、水分を通さない材料の大面積接着では内部まで硬化しないことがある ・皮膚に付着すると取れにくい
ウレタン系接着剤	1液型	空気中の水分と反応して硬化する		
ウレタン系接着剤	反応性ホットメルト型	熱溶融で短時間に接着した後、空気中の水分と反応して硬化する		

> **要点 / ノート**
>
> 接着の作業工程や市場での不具合は、接着剤の短所に起因するものがほとんどです。この点から、短所を十分に理解しておくことは、高信頼性・高品質接着の基本となります。

5 接着剤の種類と長所・短所

エンジニアリング接着剤

「エンジニアリング接着剤」には明確な定義はありませんが、筆者は「接着の硬化機構、作業性、機能・特性などに特異な特徴を持ち、広範な工業製品の組立に用いられる接着剤」と考えています。ここでは、嫌気性接着剤、光硬化性接着剤、瞬間接着剤を取り上げています。表1-5-2に、これらの接着剤の種類、形態、反応機構、長所・短所を示しました。

❶嫌気性接着剤

アクリル系接着剤の一種で、空気（酸素）が遮断されて、しかも活性材料に接触することにより、ラジカル連鎖反応で、室温で短時間に硬化が進行します。不活性材料では、空気を遮断しただけでは硬化せず、活性材料の役目を果たすアクチベーターと呼ばれる液をあらかじめ塗布して接着します。表1-5-3に、活性材料と不活性材料の例を示しました。嫌気硬化は、接着層が厚いと硬化しないことや硬化を阻害する要因も多く、硬化不良も生じやすいので、接着工程での作業条件の作り込みが重要です。

❷光硬化性接着剤

主成分はアクリル系、エンチオール系、エポキシ系、シリコーン系などです。紫外線で硬化するものと、可視光で硬化するものがあります。1液型で、光の照射で短時間に硬化する点が最大の特徴です。はみ出し部の表面がべたつきやすい、光が通らない部分は硬化しないなどの欠点を解消するために、光硬化と嫌気硬化や熱硬化を併用したものもあります。光学部品組立にも多用され、光透過性に優れたものや、屈折率が制御されたものなどもあります。

❸瞬間接着剤（シアノアクリレート系接着剤）

アクリル系接着剤の一種で、硬化時間が短いことが最大の特徴です。各種の難接着性プラスチックにも優れた接着性を示すものや、プライマーの併用でポリエチレンやポリプロピレン、フッ素樹脂が接着できるものもあります。医療分野でも血管の接合などに用いられています。低粘度のものが多く、浸透接着も可能です。一方ではく離や衝撃に弱い、耐久性に劣る、被着材料表面に付着している水分との反応で硬化するため、接着層が厚くなると硬化しない、作業環境の湿度で硬化時間が変化するなどの課題もあります。

第1章 これだけは知っておきたい 接着の基礎知識

表 1-5-2 エンジニアリング接着剤の種類、形態、反応機構、長所・短所

種類	形態	反応機構	長所	短所
嫌気性接着剤	1液型	・主成分はアクリル系で、空気（酸素）が遮断されて、しかも活性材料に接触することにより、ラジカル連鎖反応で室温で硬化が進行する ・不活性材料の接着では、活性剤としてアクチベーターと呼ばれる液体が併用される場合もある	・1液で使いやすい ・はみ出した接着剤を硬化させるために、嫌気性と紫外線硬化、湿気硬化、熱硬化などの併用硬化タイプもある ・浸透性に優れたものもある ・接着剤、プライマーに蛍光染料が添加してあるものが多く、接着部の検査がやりやすい	・接着剤がはみ出して空気に触れている部分は硬化しない ・接着面がポーラスなものでは硬化しない ・接着作業条件の許容度が狭い ・接着層の厚さが厚くなると硬化しにくくなる ・表面処理に用いる洗浄剤によっては硬化しなくなる場合がある ・油面接着性に劣る ・硬化のために、追加加熱が必要な場合も多い ・被着材の種類や接着層の厚さにより、硬化速度や最終強度（硬化性）が変化する ・貼り合わせ時に接着部に空気を巻き込むと硬化不良になりやすい
光硬化性接着剤	1液型	・アクリル系、エンチオール系、エポキシ系、シリコーン系などがあり、紫外線や可視光線でラジカルが発生して短時間に反応硬化する	・1液で使いやすい ・短時間硬化ができる ・熱硬化併用タイプも多い ・透明性に優れるものが多い ・屈折率調整品など光学特性を調整したものもある	・光が当たらない部分は硬化しない ・光照射装置が必要 ・光照射時の熱により粘度が下がり、部品の陰の部分に接着剤が浸透すると未硬化となる ・エポキシ光カチオン重合型接着剤は、水分や塩基性物質により硬化不良を起こしやすい
瞬間（シアノアクリレート系）接着剤	1液型	・被着材料表面に付着している水分と反応して秒単位で硬化する ・難接着性材料には専用のプライマーを併用する	・1液で使いやすい ・硬化時間が短い ・各種の難接着性プラスチックにも優れた接着性を示すものや、プライマー併用でポリエチレンやポリプロピレン、フッ素樹脂などを接着できるものもある ・低粘度のものが多く、浸透接着も可能 ・はみ出し部の硬化促進や白化防止のために、紫外線硬化併用タイプもある	・一般に、硬化物は固くて脆いものが多く、はく離や衝撃に弱い ・一般に耐湿性に劣る ・高温では熱劣化しやすい ・大物部品の接着には不適 ・水分による硬化のため湿度の影響により、硬化時間が変化する ・接着層の厚さが厚い場合は硬化しにくくなる ・はみ出した接着剤の成分が空気中に飛散して、水分と反応硬化し、接着部の周辺で白化現象を起こす ・未硬化部分では部品を犯したり、プラスチック成形品では、溶解やクレージング（ひび割れ）を起こすことがある ・いったん開封すると、封をしても保管できる期間はかなり短い（1週間以内） ・皮膚に接着しやすい ・紙や繊維の手袋などに染みこむと、水分と急激に反応して高熱を発して火傷する危険がある

表 1-5-3 嫌気性接着剤における活性材料と不活性材料

活性材料	鋼、銅、黄銅、リン青銅、アルミ合金、チタン、ステンレス、ニッケル、マンガン、コバルト、(亜鉛)、(銀) など
不活性材料	純アルミ、マグネシウム、インコネル、金、(亜鉛)、(銀)、アルマイト処理、クロムめっき、クロメート処理、リン酸塩被膜、ゴム、ガラス、セラミック、プラスチックなど

> **要点 ノート**
>
> 嫌気性接着剤、光硬化性接着剤、瞬間接着剤は独特の硬化機構で、室温で短時間に硬化し、接着作業性に優れていますが、硬化を阻害する要因も多いため、開発段階で接着作業工程の作り込みを十分に進めておくことが大切です。

5 接着剤の種類と長所・短所

柔軟接着剤・粘着テープ

❶柔軟接着剤・粘着テープの種類、形態、反応機構、長所・短所

ゴム状などの柔軟な接着剤や粘着テープは、内部応力が生じにくいという大きな特徴がありますが、反面、クリープを起こしやすいという課題もあります。**表1-5-4**に、シリコーン系接着剤、変成シリコーン系接着剤（弾性接着剤）、粘着テープ（感圧接着テープ）の種類、形態、反応機構、長所・短所を示しました。

❷シリコーン系接着剤

1液型と2液型のものがあり、1液型には、空気中の水分で縮合反応により硬化する湿気硬化型と、熱によって付加重合によって硬化するものがあります。2液型は、主剤と硬化剤の混合により、室温や加熱により付加重合で硬化します。

縮合反応で硬化する1液型は、硬化の際に副生成物が発生します。酢酸は腐食性があり、アセトンやオキシムは溶剤なので、溶剤に弱い材料の接着には注意が必要です。付加反応で硬化するものは副成物は発生しませんが、近くにある物質によっては硬化が阻害されることがあり、事前の評価が必要です。

シリコーン系接着剤の最大の特徴は、ゴム状で耐熱性・耐寒性に優れている点です。撥水性に優れておりシール材として多用されていますが、水蒸気の透湿性は高いので注意が必要です。

❸変成シリコーン系接着剤（弾性接着剤）

特徴は、柔軟性・弾力性に優れており、難接着性材料への密着性に優れ、ポリエチレン、ポリプロピレンなどに使用できるものもあります。1液型は、シール材としても多用されています。反面、骨格樹脂はウレタンやアクリルなどで全体がシリコーンではないので、シリコーン系接着剤とは異なり、高温では接着強度が低下します。名前に惑わされないように注意してください。

❹粘着テープ（感圧接着テープ）

粘着剤には、アクリル系、ゴム系、シリコーン系などがあります。一般の粘着剤は固化しません。粘弾性により、貼り付け時は液体として作用し、貼り付け後は固体として作用します。何と言っても簡単に使用でき、すぐに接着強度

第1章 これだけは知っておきたい 接着の基礎知識

表 1-5-4 柔軟接着剤・粘着テープの種類、形態、反応機構、長所・短所

種類	形態	反応機構	長所	短所
シリコーン系接着剤	1液型	(1)湿気硬化型 空気中の水分と縮合反応して硬化する (2)加熱硬化型 加熱により、主剤と硬化剤が付加重合反応を起こして硬化する	・1液湿気硬化型のものは使いやすい ・耐熱性、耐寒性に優れている ・ゴム状のものが多い ・撥水性に優れており、シール材として多用されている ・付加反応型のものは、縮合反応型のような副生成物は発生しない	・縮合反応型は、硬化の際に酢酸、アセトン、オキシム、アルコールなどの副生成物を発生させる ・1液付加反応型は加熱硬化が必要 ・1液湿気硬化型は湿度（季節）により硬化時間が変化する ・1液湿気硬化型は、水分を通さない材料の大面積接着では内部まで硬化しないことがある ・付加反応型は、近くにある物質によっては硬化が阻害されることがある（硬化阻害物質） ・透湿性は高い ・シリコーン樹脂中に含まれる不純物は、接点障害の原因となるので、電気電子機器では不純物を非常に少なくした電子機器用グレードを使用する必要がある ・シリコーン樹脂が付着すると、後工程での接着や塗装に影響を及ぼすことがある
	2液型	・付加反応型 主剤と硬化剤の混合により、室温または加熱により付加重合反応で硬化する		
変成シリコーン系接着剤（弾性接着剤）	1液型	・空気中の水分と縮合反応して硬化する	・2液型は硬化の際に副生成物は発生しない ・柔軟性、弾力性に優れている ・難接着性材料への接着性に優れる。ポリエチレン、ポリプロピレンなどに使用できる物もある ・1液型は、シール材としても多用されている	・1液湿気硬化型は、硬化の際にアルコールなどの副生成物を発生させる ・シリコーン系接着剤のように耐熱性は良くない。（高温で強度低下） ・油面接着性はない ・1液湿気硬化型は、湿度（季節）により硬化時間が変化する ・1液湿気硬化型は、水分を通さない材料の大面積接着では内部まで硬化しないことがある ・せん断強度、高温強度は低い ・クリープを起こしやすい ・油面接着性はない
	2液型	・主剤と硬化剤の混合により、室温または加熱により付加反応で硬化する		
粘着テープ（感圧接着テープ）	テープ状 フィルム状	・アクリル系、ゴム系、シリコーン系などがある ・硬化反応は起こさない	・使用が簡単 ・短時間に固定できる	・接着剤に比べて接着強度が低い ・油面接着性はない ・低温時にはタック性が劣る ・貼付け後に加圧が必要 ・高温強度が低い ・クリープに弱い

が得られる点が最大の特徴ですが、粘着テープの正式名称は感圧接着テープと呼ばれるように、貼り付け後に十分な加圧が必要です。

> **要点 ノート**
>
> ゴム状の柔軟な接着剤や粘着テープは、内部応力が生じにくい反面、クリープを起こしやすいという課題もあります。変成シリコーン系接着剤は名称上シリコーン系接着剤と混同しやすいですが、異なるものなので注意しましょう。

6 接着強度に影響する因子

接着部に加わる力の方向と代表的な評価方法

❶接着接合は局部荷重に弱い

　接着の結合力の基本は分子間力であるため、単位面積当たりの結合強度は、共有結合や金属結合などに比べると非常に低強度です。このため、接着は面接合にして、できるだけ面全体で荷重を受け止める構造で使用することが必要です。はく離や衝撃のように局部的に加わる大きな力は苦手です。せん断では、25mm角の接着面積で車1台程度は軽く吊り上げられますが、25mm幅のはく離では手で剥がすこともできる程度の強度になります。

❷接着部に加わる力の方向

　接着部に加わる力の種類としては、**図1-6-1**に示すように接着面に平行なせん断力(a)と、接着面に垂直な引張り力(b)の2種類が基本です。圧縮力はマイナス方向の力と考えます。

　せん断力は、**図1-6-2**に示すように板状の接着におけるせん断力(a1)(a2)、軸やパイプなどの勘合接着におけるせん断力(b1)(b2)、ねじり(c1)(c2)、2方向に加わるせん断力(d)、曲げによるせん断力(e)などがあります。

　引張り力は、**図1-6-3**に示すように均等引張り(a)、不均等な引張り（割裂）(b1)(b2)、はく離(c)などがあります。(c)のはく離で板が曲がりやすい場合は、接着端部の非常に小さな面積だけに引張り力が加わるので、弱い力で剥がれてしまいます。

❸代表的な接着強度の評価方法

　最も用いられるのは、引張りせん断試験とはく離試験です。

　引張りせん断試験は、**図1-6-4**(a)に示すJIS K 6850規定の単純重ね合わせ引張りせん断試験が一般的です。板幅は25.0mm、重ね合わせ長さは12.5mmと規定されています。接着強度が被着材の引張り降伏強度以上では、板が伸びて正確な接着強度が測定できないので、板の引張り降伏強度が接着強度以上となる板の厚さが必要です。

　はく離試験は、JIS K 6854のT形はく離試験(b1)、180°はく離試験(b2)、90°はく離試験(b3)が一般的です。被着材料の曲がりやすさや加わる力の方向によって使い分けられています。

第1章　これだけは知っておきたい 接着の基礎知識

図 1-6-1　接着部に加わる基本的な力

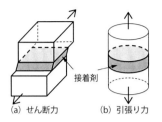

図 1-6-2　せん断力の種々の加わり方

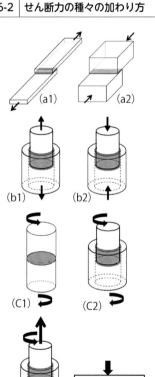

図 1-6-3　引張り力の種々の加わり方

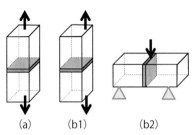

図 1-6-4　代表的な接着強度の試験方法

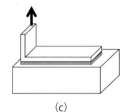

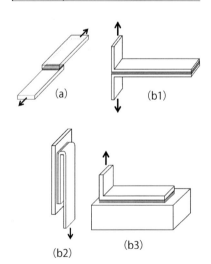

要点 ノート

接着は局部荷重に弱いので、力の加わる方向で強度が大きく変化します。面全体で支えるせん断や均等な引張りには強いですが、はく離や衝撃には弱くなります。接着強度評価では、せん断とはく離の両方の評価が不可欠です。

6 接着強度に影響する因子

接着剤の硬さ・伸び

❶接着剤の硬さ、伸びと接着強度の関係
　一般の接着剤では、硬いものは伸びが小さく、柔らかいものは伸びが大きい性質を持っています。図1-6-5は接着剤の硬さ（弾性率）、伸びと各種の接着強度の関係を示したものです。

　一般に、せん断強度および引張り強度とはく離強度および衝撃強度は、接着剤の硬さや伸びに対して逆の関係になります。すなわち、接着剤が硬くて伸びが小さければ、せん断強度、引張り強度は高くなりますが、はく離強度、衝撃強度は低くなります。接着剤が柔らかくて伸びが大きい場合は逆になります。これは、はく離強度を高くするためには接着剤に伸びが必要で、衝撃強度を高くするためには衝撃エネルギーを吸収できる柔軟性が必要なためです。

　図1-6-5は、同じ接着剤の場合には、横軸を温度に変えれば左ほど温度が高く、横軸を接着部に負荷される速度で表わせば、接着剤は粘弾性体であるため右ほど高速負荷での状態ということになります。

❷接着剤は硬すぎず柔らかすぎず
　各種の力に対して強い接着剤は、硬すぎず柔らかすぎず、すなわち爪を立てれば少し傷がつく程度の強靭なものがよいことになります。構造用接着剤と呼ばれる高強度接着剤では、硬さと伸びが両立されていて、強靭な性質になっています。強靭さを出すためには、硬いエポキシ樹脂やアクリル樹脂に、柔らかいゴム成分などを添加するなどの変性がなされています。

　図1-6-6は、2液型変性アクリル系接着剤（SGA）の硬化物を透過型電子顕微鏡（TEM）で見た写真です。白く丸いものが硬いアクリル樹脂、黒い部分が柔らかいゴムです。このような微視的構造は、海島構造やポリマーアロイなどと呼ばれていて非常に強靭になり、1＋1＝3の性質が得られるのです。

❸接着剤選定時の注意点
　「接着剤」のカタログは、せん断強度主体で書かれています。このため、多くのカタログから接着剤を選定するときには、どうしてもせん断強度で比較してしまいますが、せん断強度が高いものを選ぶと、はく離強度が低いものを選んでしまう危険性があります。

第1章　これだけは知っておきたい 接着の基礎知識

　図1-6-7は、硬さが異なる接着剤のT形はく離試験(A)の状態です。せん断強度が高く、硬くて脆い接着剤ではく離試験を行うと、(B)のように板がまったく曲がらず一瞬に全面が剥がれますが、強靭さを付与したものでは、(C)のように、板が曲がってしまうほどはく離抵抗性が向上します。はく離強度も忘れずにチェックしましょう。

図1-6-5　接着剤の硬さ・伸びと接着強度の関係

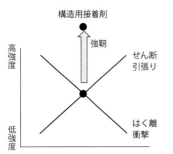

図1-6-6　アクリル系接着剤（SGA）の微視的構造

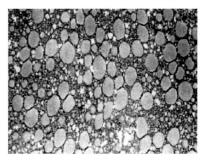

出所：「自動車軽量化のための接着接合入門」原賀康介, 佐藤千明著, 日刊工業新聞社, (2015)、P.119-120

図1-6-7　接着剤の硬さの違いによるはく離破壊の違い
　　　　（1.6mm 厚さの軟鋼板同士のT形はく離試験）

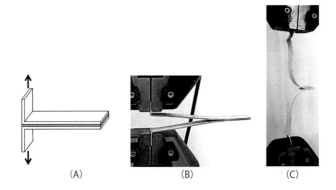

要点ノート

接着剤は硬すぎても柔らかすぎてもよくありません。硬さと柔らかさを兼ね備えた強靭さが必要です。構造用接着剤は強靭さが付与されたものです。せん断強度だけで接着剤を選ばず、はく離強度も必ず確認することが重要です。

6 接着強度に影響する因子

接着層の厚さ

❶接着層の厚さと強度の関係
　図1-6-8は、接着剤層の厚さと接着強度の関係を示したものです。せん断強度や引張り強度は、一般に接着層が10μm程度で最大となり、厚くなるにつれて低下します。極端に薄くなると内部応力が高くなるほか、被着材同士の接触による有効接着面積の減少などで強度は低下してしまいます。一方、はく離強度や衝撃強度は、mmオーダーのところで最も高い強度になります。

❷接着層が厚くなるとせん断、引張り強度が低下する理由
　接着層が厚くなるとせん断強度や引張り接着強度が低下するのは、図1-6-9に示すように、接着剤が一定の歪み率になるために要する時間が、接着層の厚さに比例して長くなるためと思われます。例えば、接着層の厚さが10倍になると、同じ歪み率まで変形するのに時間は10倍かかります。同じ速度で引っ張ると、歪み速度は1/10に低下します。
　接着剤は粘弾性体なので、破壊強度は引張り速度によって変化します。遅い速度で引っ張ると、ダッシュポットが大きく動くため低い強度になります。板/板のせん断では、接着層が厚くなると重ね合わせ部の曲がりが大きくなり、重ね合わせ端部にはく離力が加わりやすくなることも低下の一因です。

❸接着層が厚くなるとはく離、衝撃強度が向上する理由
　接着剤の伸びが破断伸び率を超えると破壊します。図1-6-10に示すように接着層が厚くなると、接着剤の破断までの伸び量は大きくなるため、荷重を受ける面積が増加します。例えば、接着層の厚さが0.1mmで接着剤の破断伸び率が100%の場合は、0.1mm延ばされたところで破壊しますが、接着層の厚さが1mmであれば、1mmまでの伸びに耐えることになります。すなわち、被着材の反りへの追従性は接着層が厚い方が大きく、接着層が厚ければ広い面積で力を受けることができるために、はく離強度が高くなるということです。

❹最適な接着層の厚さはどのくらいか
　せん断強度とはく離強度のバランスが取れた接着層の厚さは、一般に0.1mm〜1.5mm程度のようです。接着層の厚さが薄すぎると、種々の力の方向に対して変形できる許容歪み量が小さくなり、良いことはありません。接着は隙間

埋めと接合を同時に行うことも多く、接着層の厚さが5 mmや10mmになる場合もありますが、接着層が厚ければ変形に対する追従性は増えるため、厚くて問題になることはほとんどありません。

図 1-6-8 | 接着層の厚さと接着強度の関係

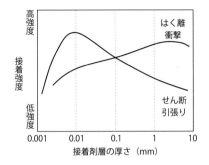

図 1-6-9 | 接着層の厚さが厚くなるとせん断強度が下がる理由

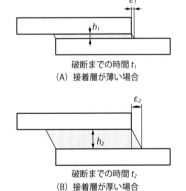

$h_2/h_1 = \varepsilon_2/\varepsilon_1 = t_2/t_1 = $ 速度 V_1/V_2

出所：「高信頼性を引き出す接着設計技術－基礎から耐久性、寿命、安全率評価まで－」原賀康介著、日刊工業新聞社、(2013)、P. 86-89

図 1-6-10 | 接着層の厚さが厚くなるとはく離強度が高くなる理由

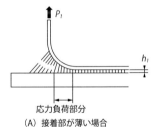

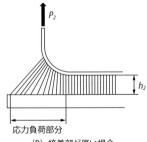

要点 ノート

接着層の厚さが薄すぎるのは好ましくありません。せん断・引張り強度にもはく離・衝撃強度にも強いのは0.1mm～1.5mm程度です。接着層が厚ければ変形に対する追従性は増えるので、厚くて問題になることはほとんどありません。

6 接着強度に影響する因子

温度・ガラス転移温度（Tg）、速度

❶接着剤のガラス転移温度（Tg）と接着強度の温度特性

　大半の接着剤は樹脂系のものです。**図1-6-11**は、温度と樹脂の弾性率の関係を示したものです。(A)は熱可塑性樹脂、(B)は熱硬化性樹脂、(C)は加硫ゴムです。樹脂やゴムには弾性率が大きく変化する温度があります。この温度はガラス転移温度（Tg）と呼ばれており、Tg以下では弾性率は高く、Tg以上では低くなります。ゴムはTgが低温にあるので、常温ではゴム状態を示しています。複数のTgを持つものもあります。Tgを境に、弾性率だけでなく線膨張係数や熱伝導率などすべての物性が変化します。

　接着強度では、せん断強度や引張り強度は弾性率が高いほど強いので、低温では強く、高温では低下します。**図1-6-12**に示すように、Tgを境にしてせん断強度は大きく変化します。実際にはTgより少し低めの温度から強度が低下します。はく離強度や衝撃強度は柔らかい（強靭な）方が強くなるので、低温では低く、高温では強くなります。しかし、温度が高すぎて柔らかすぎると強靭さがなくなるため、強度は下がります。はく離強度や衝撃強度はTg付近で最も高くなります。

　接着剤のTgがわかれば、接着強度の温度特性を大まかに予測できるということです。しかし、Tgの測定法やデータの取り方には様々な方法があり、同じ測定法でも、昇温速度や周波数など条件が異なればTgは数十℃程度変化するので、データを見るときには測定方法やデータの取り方をチェックする必要があります。

❷引張り速度依存性

　46ページで述べたように、接着剤は粘弾性体というものです。そのため接着部に高速で力が加わると、粘性的性質が現れにくいために高い強度となり、低速で力が加わると粘性的性質が大きくなるので低い強度になります。この現象は、接着強度の速度依存性と呼ばれています。

　図1-6-13に、構造用両面テープの引張りせん断試験における引張り速度の影響の一例を示しました。接着剤と両面テープのカタログのせん断試験における引張り速度を見比べると、接着剤では毎分10mm程度が一般的ですが、両面

テープでは毎分100mmや300mmなどの高速で引っ張られているケースが大半です。機器組立において接着部に加わる力の状態を考えると、せん断方向に高速の力が加わることは少ないでしょう。カタログを見るときは試験の速度に注意しましょう。

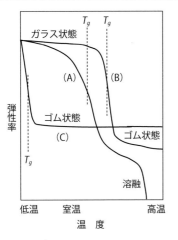

図1-6-11 ガラス転移温度（T_g）と樹脂の弾性率の温度特性の関係

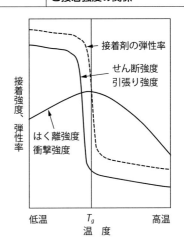

図1-6-12 接着剤のガラス転移温度（T_g）と接着強度の関係

図1-6-13 引張りせん断試験における引張り速度依存症の例（両面テープ）

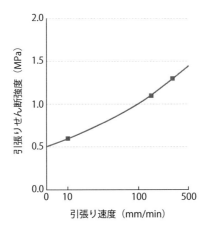

要点　ノート

せん断接着強度や引張り接着強度は接着剤の T_g 付近で大きく低下し、はく離や衝撃強度は T_g 付近で最高となります。接着強度は引張り速度でも変化します。高速で引っ張ると高い強度になります。カタログを見るときは速度に要注意です。

6 接着強度に影響する因子

重ね合わせせん断強度に影響する因子

❶重ね合わせ長さの影響

　板と板の単純重ね合わせ引張りせん断試験では、**図1-6-14**に示すように、接着部の破断荷重は重ね合わせ長さLに比例せず、頭打ちになります。すなわち、単位面積当たりのせん断強度は、重ね合わせ長さLが長いほど低くなります。その理由は、**図1-6-15**に示すように試験片に引張り荷重を加えると、接着部に加わるせん断応力τは接着部全体に均一に分布するのではなく、応力集中が生じて重ね合わせの端部で高く、中央部で低くなるためです。図1-6-15で(A)→(B)→(C)と重ね合わせ長さが長くなるほど応力集中は大きくなり、接着部の中央部付近はあまり荷重分担をしていない状態になるということです。なお、重ね合わせ部の幅方向には応力集中は生じません。

❷板厚、板の弾性率、接着層の厚さ、接着剤の弾性率

　板の材質が同じであれば、重ね合わせ長さが同じでも図1-6-15の(B)と(B2)のように、板の厚さが厚くなると応力集中は低減します。これは、板に加わる引張り応力が低くなったためです。板の厚さが同じ場合には、板の弾性率が高いほど応力集中は低減します。

　接着層の厚さも応力集中に影響します。図1-6-15の(B)と(B3)のように、接着層が厚くなると応力集中は小さくなります。

　接着剤の弾性率も影響します。接着剤の弾性率が高いほど応力集中は大きくなります。72ページで述べたように、接着剤を若干柔らかくして強靱化することは、せん断応力の集中を低減する点からも効果的であることがわかります。接着剤の弾性率は温度で変化するため、低温では応力集中が大きくなり、高温では応力集中は低減することになります。

❸接着部の曲がり

　単純重ね合わせ試験片を引っ張ると、**図1-6-16**に示すように接着部に曲がりが生じます。これは、重ね合わせ部で引張りの軸がずれているためです。接着部に曲がりが生じると、接着部にはせん断力のほかに、端部に引張り方向の力が加わります。すなわち、はく離力が加わるため、硬い接着剤では低強度で破壊することになります。板の曲がりは、板厚が厚く接着層の厚さが厚いほ

ど、重ね合わせ長さが短いほど大きくなります。❷の応力集中を低減する条件は、板の曲がりに対しては逆効果の場合もあることになります。

図 1-6-14 単純重ね合わせせん断試験片における、重ね合わせ長さと強度の関係

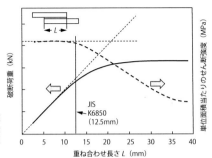

出所：「高信頼性を引き出す接着設計技術－基礎から耐久性、寿命、安全率評価まで－」原賀康介著、日刊工業新聞社、(2013)、P. 98-102

図 1-6-15 せん断試験片における、重ね合わせ長さ L と接着部に働くせん断応力 τ の分布

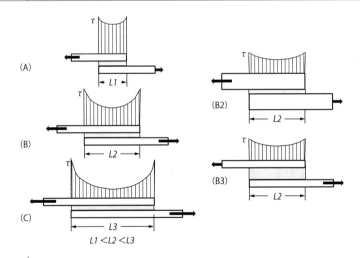

$L1 < L2 < L3$

図 1-6-16 せん断試験片における接着部の曲がり方

要点 ノート

引張りせん断試験は代表的な接着強度評価法ですが、測定されるせん断強度は、重ね合わせ長さ、板厚、板の弾性率、接着層の厚さ、接着剤の弾性率など多くの要因で変化します。試験片の条件は慎重に決めることが重要です。

6 接着強度に影響する因子

継手効率

❶継手効率とは
　被着材料の強度に対して、接着部の強度が低いのは問題です。被着材料自体の強度（耐力）に対する接着部の強度の比率を「継手効率」と言います。

❷継手効率を高くする継手の形状
　図1-6-17は、丸棒同士の突き合わせ引張り接着継手です。被着材料が金属のように高強度材料の場合に、(A)では接着剤自体の引張り強度や接着界面の結合力が金属と同等でなければ、継手効率を100%にすることはできません。これは不可能です。しかし、(B)→(C)のように、差し込み構造で接着面積を増加させれば、接着強度が増加して継手効率を高くすることができます。

　図1-6-18は、板同士の重ね合わせせん断継手ですが、(A)→(B)→(C)と、重ね合わせ長さを長くすることで継手効率を高くできます。図1-6-2（b1）(b2)のような軸と穴の勘合接着でも、差し込み長さを長くすることで継手効率は高くなります。しかし、前項で述べたように重ね合わせ長さを長くすると、硬い接着剤では応力集中が大きくなり強度は頭打ちとなるため、継手効率はそれほど上がりません。

❸重ね合わせ継手の継手効率を高くするには
　図1-6-19は、熱間圧延鋼板同士の重ね合わせせん断試験片において、板厚を変えた場合の重ね合わせ長さLと接着強度の関係の一例です。用いた接着剤は2液室温硬化型変成アクリル系接着剤（SGA）です。この結果では、いずれの板厚でも、接着強度が板自体の耐力を超えると接着強度が重ね合わせ長さに比例せず、頭打ちになっています。一方、板の弾性範囲では、ラップ長を長くすると100%の継手効率を確保できています。

　硬い接着剤ではラップ端部の応力集中が大きいため、継手効率を100%まで上げることは容易ではありません。この接着剤は、図1-6-6に示したように海島構造を持つ接着剤で、せん断力にもはく離力にも強い強靭性と応力緩和性に優れています。この例のように、継手効率を高めるためにも、接着剤の強靭性は重要な役割を果たしています。

図 1-6-17　丸棒の突き合わせ接着における継手効率向上の例

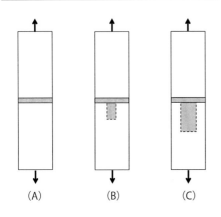

図 1-6-18　板の重ね合わせ接着における継手効率向上の例

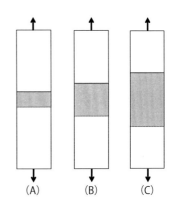

図 1-6-19　熱間圧延鋼板同士の重ね合わせせん断試験片における、板厚、重ね合わせ長さ L と接着強度の関係の例（接着剤：SGA、板幅：100mm）

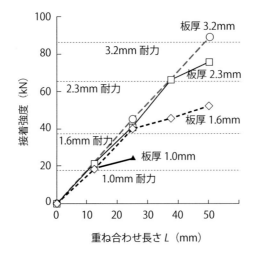

要点ノート

「接着部の強度／被着材自体の耐力」を継手効率と言います。継手効率を高くすることは設計の基本です。継手効率を高くするためには、強靭性や応力緩和性の高い接着剤を使って、応力集中を小さくすることが必要です。

コラム

● 日本における構造接着と精密接着の現状 ●

▷**構造接着技術の現状**

　CO_2削減やEV化の波が押し寄せ、マルチマテリアル化による自動車の車体軽量化のための異種材接合法の1つとして「構造接着」が注目されています。しかし、日本では、構造接着技術の牽引役である航空機産業が戦後出遅れたため、構造接着の技術開発や関連産業育成、人材育成は欧米に大きく引き離され、自動車分野においても、キャッチアップの段階を乗り越えるには大きなハードルがあるのが現状と言えます。しかし、日本にも高いレベルの「構造接着技術」を保有している企業はあり、高品質な構造接着の実績は多くあります。残念ながら、これらの技術は企業内に留まり、汎用技術として多くの産業分野に水平展開されていない状態です。結果として、汎用技術としての「構造接着」は、欧米に比べると遅れているということです。

▷**精密接着技術の現状**

　日本が得意とする電子機器や精密機器の組立には、長年にわたって「精密接着」が主要な組立技術として採用されています。しかし、対象の部品や機器が千差万別で、接着剤は多品種極少使用で輸入品も多く、手作業個産から自動化量産まで生産方式も様々で、接着特性の評価はきわめて困難です。このため、接着技術の開発は、部品や機器の開発時点では試行錯誤的、トラブル対策では対症療法的に行われているのが実情と言えます。

　精密接着の研究をしている大学・研究機関はほとんどなく、技術者も育っていない状況です。今後は試行錯誤から脱却し、体系的技術としての確立が望まれています。

【第2章】
準備と段取りの要点

【1】接着の出来映えは設計しだい

接着設計技術と構成要素

❶接着設計技術とは

「接着設計技術」とは接着の特徴・機能を最大限に活用し、欠点をカバーして、高性能・高機能で信頼性・品質に優れた製品を、高い生産性で製造するための開発段階での作り込みの技術です。簡単に言えば、接着の特徴・機能を「使いこなす技術」と言えます。

接着設計がうまくできていれば、実際の接着組立工程での管理は楽になり、安定した品質の製品を効率良く生産することが可能になります。逆に言えば、接着設計がうまくできていなければ、組立現場では無駄な作業が増え、安定した品質や効率的生産に支障が生じることとなります。すなわち、「接着組立の品質、生産性は接着設計で決まる」と言えます。

接着設計の段階で、❷で述べる各要素技術を総合して、接着作業に関わる工程ごとの最適条件と許容範囲を明確に決定することが重要です。

❷接着設計技術の構成要素

接着設計技術は、図2-1-1に示すように、(1)機能設計、(2)材料設計、(3)構造設計、(4)工程設計、(5)設備設計、(6)品質設計などの要素技術で構成されています。これらの要素技術は、それぞれが独立して存在するものではな

図 2-1-1 　接着設計技術とその要素技術

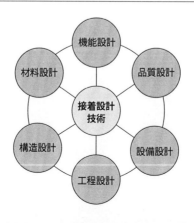

く、各要素技術は相互に強く関連しており、それらの強力な連携の下に接着設計技術は成り立っています。

❸各要素技術の実施内容

表2-1-1に、各要素技術の概要を示しました。機能設計では、接合という機能だけでなく、表1-2-3で説明した接着から得られる効果をいかに多く盛り込み、22ページで説明したような接着の欠点をいかにカバーするかを検討します。材料設計では、接着剤だけでなく部品の材質・表面状態の検討も行います。性能面と併せて、工程の簡素化や作業の許容範囲を広く取れる材料系（被着材料の材質・表面状態、前処理関係の材料、プライマー、接着剤など）を検討します。構造設計では、高強度を得るためだけでなく、作業しやすくて間違いを回避でき、破壊に対する冗長性を確保できることも併せて検討します。工程設計では、工程面からどのような接着剤や構造が最適かを考えます。工程内検査の方法や自動化と人手作業の最適化も検討します。設備設計では、設備だけでなく組立治具の検討も重要です。品質設計では、信頼性やばらつきの目標値を明確化し、目標値達成の面から各要素技術の検討内容を詰めていきます。

表 2-1-1 接着設計技術の構成要素の概要

要素技術	技術の概要
機能設計	接着接合が有する多くの特徴・機能を製品設計にいかにうまく活かすか、接着の欠点をいかにうまくカバーするかという技術
材料設計	製品に要求される機能を満足させながら、刻々と変化する部品の状態、接着剤、作業環境などに広い作業許容条件範囲で対応できるための、材料系の作り込みの技術
構造設計	高強度を得るための「継手設計」だけではなく、貼り間違いを防止する構造、接着剤を塗布しやすい構造、塗布した接着剤が垂れたり掻き取られたりしない構造、硬化までの仮固定が容易な構造、接着剤のはみ出しを防止する構造、工程ごとの検査がやりやすい構造、破壊に対する冗長設計なども考慮した構造最適化の技術
工程設計	候補となる各種の接着剤ごとに組立プロセスがどのようになるのかを検討して、最適な組立プロセスを選定する技術 自動化と人手作業の最適化、いずれかの工程でトラブル停止した場合の対処方法、各工程における検査方法の検討も行う
設備設計	設備面から材料、構造、工程を最適化する技術。接着組立においては治具の出来映えが作業性を大きく左右するため、各工程での治具設計、工具設計も重要
品質設計	「高品質接着の基本条件」である次の2点を満足できるように、材料設計、構造設計、工程設計、設備設計で詰めていく技術 ①凝集破壊率を40％以上確保すること ②接着強度の変動係数Cvを最低限0.10以下にすること

要点 ノート

接着組立品の品質、生産性は接着設計で決まると言えます。接着設計技術を構成する要素技術は相互に強い関連を有しているので、開発段階では、各要素技術の技術者が連携し合って、コンカレントに開発を進めることが大切です。

1 接着の出来映えは設計しだい

接着管理技術と構成要素

❶接着不良品の発見・補修は困難

接着剤での組立が終了した後に、その接着部の健全性を非破壊で検査することは容易ではありません。また、部品の位置ずれが見つかった場合に、部品を傷つけずに分解・再生することも容易ではありません。接着品の歩留まりを上げ、常に安定した品質の接着組立を行うためには、接着組立の各工程での適切な作業管理が重要です。

❷接着管理技術とは

「接着管理技術」とは、「接着設計」段階で規定された最適条件と許容範囲に従って適切な接着組立を行うために、組立現場において実施される検査や管理の技術です。接着される部品の状態、接着剤、作業環境などは時々刻々と変化しているので、接着工程ごとにその変化をいかに的確に捉えるかが、高い品質で効率的な組立を行う基本となります。

「接着管理」は実際の製造工程での管理ですが、「接着設計」がすべて終了した段階から検討を始めるのではなく、「接着管理技術」と「接着設計技術」はコンカレントに相互にリンクして、技術の作り込みをしていくことが必要です。

図 2-1-2 | 接着管理技術とその要素技術

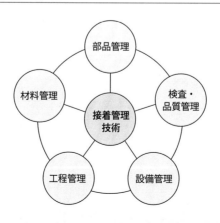

❸接着管理技術の構成要素

接着管理技術は、図2-1-2に示すように、(1)部品管理、(2)材料管理、(3)工程管理、(4)設備管理、(5)検査・品質管理などの要素技術で構成されています。これらの要素技術は、独立して存在するものではなく、各要素技術は相互に強く関連しており、それらの強力な連携の下に接着管理技術は成り立っています。

❹各構成要素の実施内容

表2-1-2に、各構成要素の概要を示しました。部品管理では、材料に間違いはないか、寸法は公差内か、接着面の状態は適切かなどのチェック法を決めます。材料管理では、前処理から接着までの工程で用いるすべての材料が適切な状態かのチェック法を決めます。不適切状態の判定方法も必要です。工程管理では、前工程までの作業は正しいか、規定された許容範囲内の条件で作業がされているか、実施した作業は適切だったかのチェック法を決めます。トラブル時の対応手順もこの段階で決めておきます。設備管理では、設備・治工具・器具などが許容条件を超える要因を明確にし、管理する方法を決めます。検査・品質管理は最終工程での検査ではなく、各工程での操作・条件を数値化し、各工程にフィードバックする方法を決めます。教育・指導・訓練のプログラムも作成します。

表 2-1-2 接着管理技術の構成要素の概要

要素技術	技術の概要
部品管理	組立工程に投入される部品が、①図面通りにできているか、②材質に間違いはないか、③接着に適した状態になっているかを管理する技術
材料管理	材料の成分、性状・物性、反応機構などを理解した上で、材料の変化を敏感に捉えて、常に最適な条件で使用できるように管理する技術
工程管理	各工程での作業条件が、「接着設計」段階で規定された許容範囲内に入っているかどうかを確認・管理する技術 前工程までの作業が適切になされているか、現工程で行った作業は後工程に問題はないかを確認・管理する技術 トラブル時の手順作成
設備管理	設備や治工具、器具などが、常に最適な作業条件を維持できるように調整・管理・予防保全する技術
検査・品質管理	トラブル時の原因究明に必要なデータを決めて、データを取得・分析・管理する技術 工程管理者や作業者の教育・指導・訓練の実施

> **要点 ノート**
> 接着部の内部の状態を検査したり、不良品をサルベージすることは至難の業です。接着の品質は、各工程での品質の作り込みの積み上げでしか達成できません。接着設計段階で、接着管理技術を並行して構築することが重要です。

❰1❱ 接着の出来映えは設計しだい

設計段階での段取り

❶設計段階での検討の手順

　図2-1-3に、設計段階での段取りを示しました。まず、製品のスペックから、接着部に要求される機能・特性と制約条件を明確にします。制約条件は、必須の条件と希望的条件の区分を明確にします。この要求条件を満足させるには、接着剤や表面状態はどのような特性が必要かを見積もります。見積もった条件を接着で満足させることができるかどうかを、Cv接着設計法[10]などで判定します。もし、接着では満足できそうにない場合には、他の接合方法への検討に移らねばなりません。満足できそうなら、接着剤の1次選定を行います。

　1次選定では、次項で述べる「欠点からの消去法による接着剤選定チェックリスト」を用いると便利です。次に、1次選定で選ばれた候補品の予備評価を行います。ここでは、接着強度、破壊状態（凝集破壊率）、作業性などをチェックし、課題の抽出を行います。次に、接着剤の2次選定に入りますが、92ページで述べる「接着剤の作業・管理のポイントチェックリスト」などを用いて、欠点をきちんと理解しながら、絞り込みます。性能だけで接着剤を選定すると、生産段階に入って思わぬ落とし穴にはまることが多々あります。

　用いる接着剤の種類が絞り込まれたら、メーカーと相談しながら候補品を決

図 2-1-3　設計段階での段取り

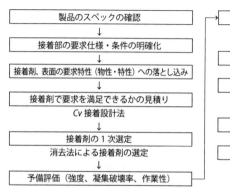
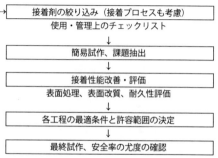

めて、できるだけ早い段階で簡易試作を行います。試作品での性能検査はもちろんですが、課題をできるだけ多く抽出することが試作の主目的です。耐久性試験も行います。後は、課題の解決、改善へと進みます。

　課題の解決が終れば、ほぼ開発は終了に近いですが、ここから接着の作業工程と作業方法に対して、それぞれの工程での最適条件と許容範囲の明確化の作業があります。これは、各工程での良い条件から悪い条件までを幅広く振って、データを取って決めて行く作業となるため、手間と時間がかかります。ここで決めた最適条件と許容範囲内での作業で試作を行い、製品の使用環境で耐用年数経過後にどの程度安全率に尤度[11]が残っているかを評価し、尤度があると判断できたら、開発は終了です。

❷コンカレントな開発を行う

　開発段階では、接着設計や接着管理の各要素技術に関して評価試験により最適化を図りますが、ある要素技術で条件が変われば他の要素技術にも影響が出てきます。このため、図2-1-4に示すように開発段階では各要素技術の技術者が連携し合い、接着設計技術と接着管理技術を有機的に結び付けて、コンカレントに開発を進めることが大切です。

図 2-1-4 　接着設計技術と接着管理技術を有機的に結びつけた、コンカレント・エンジニアリングの実践

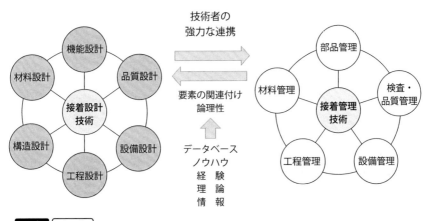

要点　ノート

ある要素技術で条件が変われば、他の要素技術にも影響が出てきます。このため、開発段階では各要素技術の技術者が連携し合い、接着設計技術と接着管理技術を有機的に結びつけて、コンカレントに開発を進めることが大切です。

【2 接着剤の選定と評価

欠点から候補接着剤の種類を絞り込む

❶接着不良は接着剤の欠点に起因することが多い

　接着剤を選ぶときの基準として、要求される機能や特性を満足するかどうかは重要です。一般に、接着剤の選定はこの観点から行われています。しかし、接着剤は、第1章5節で述べたように、種類ごとに特徴的な多くの欠点も有しています。接着の不良は、接着剤の欠点に起因する点が多いことを考えると、接着剤の選定時には、欠点の少ないものを選ぶことがきわめて大切になります。

❷接着剤メーカーへの相談は後回しに

　接着剤の選定に当たっては、接着剤メーカーに相談することが多いでしょう。相談を受けた接着剤メーカーは、要求された機能や性能を満たすと思われる接着剤を紹介してくれますが、それが最適とは言えません。それは、すべての種類の接着剤を扱っている接着剤メーカーは多くなく、自社で扱っている接着剤の中からしか候補品を紹介してくれないためです。「この用途なら、ウチの接着剤ではなく、他社の接着剤でより適切なものがありますよ」という親切な対応は期待できません。また、自社の接着剤の長所は教えてくれますが、欠点についてはあまり説明してくれません。

　ある程度検討が進み、評価や試作を始めた段階で欠点による課題が表面化し、接着剤の選定が振り出しに戻ることはよくあることです。筆者は接着剤を製品組立に適用する立場の技術者であったので、何度となくこのような経験をしたことがありました。

❸消去法による接着剤の選定チェックリスト

　そこで接着剤を用いる立場で、接着剤メーカーに相談する前に候補となる接着剤の種類を絞り込むために、筆者が作成したのが「消去法による接着剤の選定チェックリスト」です（表2-2-1）。以下からのダウンロードも可能です。
〈https://www.haraga-secchaku.info/checklist/〉

　この表は、上から光硬化型、嫌気性、1液型変成シリコーン系、1液型シリコーン系、1液型ウレタン系などの湿気硬化型、瞬間接着剤、両面テープ、2液型ウレタン系、2液型エポキシ系、1液型エポキシ系、2液型アクリル系

表 2-2-1　消去法による接着剤の選定チェックリスト

接着剤の種類			チェック項目	判定○	判定×	適用可否・代替品
光硬化型接着剤	共通	1	接着部に光を照射可能か	可能	不可能	→×なら適用不可
		2	油面接着性は必須か	ではない	必須	→×なら適用不可
		3	部品はUVを透過するか	する	しない	→×なら可視光硬化型
		4	光が当たらない部分に接着剤が流れ込むことはないか	ない	ある	→×なら光・熱併用硬化型 または流れ込み防止対策検討△
	可視光硬化型	1	部品は可視光を透過するか	する	しない	→×なら適用不可
	光・熱併用硬化型	1	加熱硬化は可能か	可能	不可	→×なら適用不可
嫌気性接着剤	共通	1	接着層厚さが0.1mm以上になる部分はないか	ない	ある	→×なら適用不可
		2	不活性材料の接着でアクチベーターの併用は可能か	可能	不可能	→×なら適用不可
		3	被着材表面はポーラスでないか	ではない	ポーラス	→×なら適用不可 （不明な場合はテスト要）△
		4	油面接着性は必須ではないか	ではない	必須	→×なら適用不可
		5	洗浄剤の残渣による硬化不良の心配はないか	ない	ある	→×なら適用不可 （不明な場合はテスト要）△
		6	はみ出し部は硬化しないが、はみ出し防止対策は可能か	可能	不可能	→×なら嫌気・UV併用タイプ または、はみ出し防止対策検討△
		7	貼り合わせ時の空気の巻き込み対策は可能か	可能	不可能	→×なら適用不可
		8	硬化速度は接着層が厚くなると遅くなるが問題ないか	ない	ある	→×ならテスト要△
		9	十分な強度を出すには加熱が必要だが加熱可能か	可能	不可能	→×なら室温硬化での強度で十分か確認△
	嫌気・UV併用タイプ	1	はみ出し部のUV照射は可能か	可能	不可能	→×なら適用不可
2液シリコーン系接着剤	共通	2	油面接着性は必須ではないか	ではない	必須	→×なら適用不可
		3	2液の扱い（計量・混合・塗布）は可能か	可能	不可能	→×なら適用不可
		4	硬化時間は問題ないか	ない	あり	→×なら加温硬化△
		5	塗布装置の洗浄にトルエンやキシレンは使えるか	使用可能	使用不可	→×なら適用不可
	加温硬化	1	硬化時間短縮のための加温は可能か	可能	不可能	→×なら適用不可

出所：㈱原賀接着技術コンサルタント〈https://www.haraga-secchaku.info/checklist/〉

（SGA）、２液型シリコーン系と並んでいます。この表のチェック項目を、上から順に質問に従ってチェックしていきます。その結果、判定が×になれば、次の接着剤に移ってチェックを続けます。判定で×が出なかった接着剤が候補接着剤となります。

> **要点　ノート**
> 接着の不良は、接着剤の欠点に起因することが多くあります。接着剤メーカーに相談する前に、「消去法による接着剤の選定チェックリスト」で候補となる接着剤の種類を絞り込みましょう。

〈2〉 接着剤の選定と評価

使用・管理上のポイントを考慮して接着剤を絞り込む

❶接着剤の選定・使用上の注意点、管理のポイントのチェックリスト

　前項で述べた「消去法による接着剤の選定チェックリスト」で候補となる接着剤の種類が絞り込まれたら、「接着剤の選定・使用上の注意点、管理のポイントのチェックリスト」を用いて、細かい点をチェックしましょう。表2-2-2には、一例として、1液湿気硬化型接着剤のチェックリストを示しました。他に、2液型エポキシ系接着剤、1液型エポキシ系接着剤、2液型ウレタン系接着剤、2液型アクリル系接着剤（SGA）のチェックリストがあります。以下からダウンロードが可能です。〈https://www.haraga-secchaku.info/checklist/〉

　これらのチェックリストでは、選定・使用時の注意点のまとめと、管理項目、管理のポイントを、接着剤の受入・保管、接着作業の準備、接着作業、検査に分けて、細かくチェックできるようになっています。特に重要なポイントは●印で示してあります。接着作業では、チューブやカートリッジから直接塗布する場合、チューブやカートリッジからシリンジに詰め替えて使用する場合、ペール缶などから圧送塗布装置を用いて使用する場合など、使い方別にポイントが記載されています。

　これらのチェックリストでチェックして、十分な管理ができないと判断した場合は、その種類の接着剤の採用は避けた方がよいでしょう。何とかなるだろうと採用しても、いずれかの時点で必ず不具合に遭遇することになってしまいます。

❷具体的な接着剤の選定を行う際の注意点

　候補となる接着剤の種類が絞り込まれたら、接着剤メーカーに問い合わせたり、カタログを見たりして、具体的に候補品を選ぶ段階になります。接着剤メーカーに問合せを行う場合には、候補となる種類の接着剤を扱っているメーカーに問い合わせてください。希望する種類を扱っていない場合は、自社が扱っている他の種類の中から候補品を推薦され、思わぬ遠回りをさせられることになりかねません。カタログを見るときの注意点は次項で述べます。問合せや打合せをするときには、「接着剤の選定・使用上の注意点、管理のポイントのチェックリスト」を活用して、疑問点を徹底的に解消しましょう。

第2章 準備と段取りの要点

表 2-2-2 接着剤の選定・使用上の注意点、管理のポイントのチェックリスト（1液湿気硬化型接着剤の例）（●は重要項目）

工程		管理項目	管理のポイント
接着剤受入・保管	受入	ロット管理	製造日の確認
		納入仕様書	試験結果の適合性確認
	保管	● 有効期限	未開封での期限を明記
		● 保管場所・環境	特に湿度に注意、保管場所の温度・湿度を自動記録する（電池式）
		低温保管時の結晶化	結晶化温度以上で保管、庫内温度の自動記録（電池式）
		● 吸湿	容器の密閉の確認／チューブやカートリッジは、乾燥剤を入れたポリ袋に入れて保管
		保管時の姿勢	チューブやカートリッジ内の気泡を集めるため、ノズル側を上向きにして保管する

工程		管理項目	管理のポイント
接着作業	作業場環境	温度・湿度	許容温度・湿度の範囲を決める。温度を自動記録する／低湿度時は加湿する
	シリンジなどへの充填	● 空気溜まりの排出	シリンジを上向きにしたままプランジャーを押し込んで、シリンジの空洞部をなくす
		● キャップ	シリンジの先端に密閉キャップをつける
		● 充填日、使用期限の記入	充填当日に使い切らない場合は、充填日時と使用期限をシリンジに明記する
	ペール缶などから圧送塗布装置を用いて使う場合		
	脱泡	圧送タンク投入前か投入後に行う	
	タンク内での沈降・分離確認	投入後時間が経過した場合に実施	目視またはヘラなどで確認
	エアー加圧式の場合	加圧エアー	乾燥空気を使用する
		接着剤へのエアーの溶け込み対策	液面に浮かし蓋などでエアーとの接触面積を減らす
	塗布ノズル	● ノズル内ゲル化	アンチゲルタイマーの設定（夏期高温時基準）
		溶剤での洗浄	換気、引火対策（設備の防爆・準防爆）、衛生対策
		溶剤洗浄後の乾燥	エアーでミキサー・ノズル内を乾燥させる
	硬化までの加圧・固定	治具の清掃	接着剤付着などがないこと
		加圧力	部品の変形や位置ずれが生じず、接着層の厚さが所定厚さになる下限圧力程度
		● 二度加圧	空気の引き込みが生じやすいので二度加圧はしない
	室温での硬化	● 温度・時間	最低温度・湿度と硬化時間の管理／硬化場所の温度・湿度の自動記録／低湿度時は加湿する／大量の養生を行う場合は、発生ガスに注意（換気）

工程	管理項目	管理のポイント
検査	外観検査	はみ出し部の硬化状態の確認
	● 抜取り破壊検査	凝集破壊率／未硬化部の有無／強度と変動係数

出所：㈱原賀接着技術コンサルタント〈https://www.haraga-secchaku.info/checklist/〉

> **要点ノート**
>
> 候補接着剤の種類が絞り込まれたら、「接着剤の選定・使用上の注意点、管理のポイントのチェックリスト」で細かい点をチェックしましょう。十分な管理ができない場合は、その種類の接着剤の採用は避けた方がよいでしょう。

2 接着剤の選定と評価

カタログの見方①
強度データ

❶接着剤のカタログは、せん断強度主体の記載

72ページで述べたように、一般に、接着剤の硬さが硬くなるほどせん断強度は高く、はく離強度は低下します。接着剤のカタログで示されている接着強度は、ほとんどがせん断強度で、はく離強度の記述はわずかしかないのが通常です。このため、どうしてもせん断強度で比較して選定することとなりますが、せん断が高い接着剤を選定すると、はく離強度が低い接着剤を選定している結果となり、はく離力や衝撃などの局部荷重が加わると簡単に壊れてしまい

表 2-2-3　接着剤のカタログを見る時の着目点と考慮すべきこと

項目	着目点	考慮すべきこと
強度・機械的特性	せん断強度だけでなく、はく離強度も重要	硬い接着剤ほどせん断、引張り強度は高くなるが、はく離、衝撃強度は低下する
	強度の値は目安程度に考える	せん断強度は、被着材の強度が強いほど高くなる。一般に金属では高く、プラスチックでは低くなる はく離強度は、試験方法・試験片の条件で大きく異なるので注意
	破壊状態は重要な判定ポイント	凝集破壊率が高いことは、選定の最重要ポイントである ただし、被着材の材質、表面処理によって変化するので要注意 材料破壊は最良と考えてはいけない。接着部の良否は不明である
	硬化物の弾性率、硬度	これらの数値は、被着材料の材質・厚さ、表面処理などに無関係で、メーカー、品種が異なっても比較できる 応力解析を行う場合にも必要なデータである
	硬化物の伸び	接着剤の破断伸び率が高いことは重要。しかし、記載されているものは多くない
熱的特性	接着強度（せん断、はく離）の温度依存性	接着部の使用温度範囲（低温～室温～高温）での接着強度を確認すること
	硬化物のガラス転移温度 Tg	抑えるべき物性値として重要。せん断強度は Tg 以上では大きく低下する。はく離強度は Tg 付近で最高となる Tg は測定方法や求め方で数十℃変わることもあるので、比較の際は要注意
	弾性率の温度依存性	DMAなどの粘弾性特性の温度依存性データは必要。応力解析でも必要となる カタログにはほとんど記載されていないが、メーカーに要求すること
	線膨張係数	Tg を境に変化する。測定の温度範囲を確認すること 異種材接着では重要な物性である。応力解析でも必要
硬化特性	接着剤の組成	カタログにはエポキシ樹脂系などとしか書かれておらず、接着剤の成分はほとんどわからない エポキシ系といっても種々の樹脂やエラストマー、充填剤が添加されており、特性は広範囲に変化する。硬化剤の種類によっても特性は大きく変化する
	硬化の機構	カタログに当然書くべき事項であるが、きちんと記載されているものは非常に少ない 硬化の機構はプロセス、設備、作業環境などに大きく影響するためきわめて重要。メーカーに確認すること
	配合比と強度の関係	カタログには標準配合比は記載されているが、配合比の許容範囲はほとんど記載されていない 配合比と強度の関係のデータは、最適配合比と配合比の許容範囲の決定に重要なデータである 重量比か体積比かを確認する。比重も確認する
	混合後の発熱曲線	DSC（示差熱分析）の発熱曲線などのデータが記載されているカタログは少ないが、可使時間、硬化温度・時間を決める重要なデータである
	硬化収縮率	内部応力に影響するので、精密接着や意匠性接着では重要

かねません。表2-2-3には、接着剤のカタログを見るときの着目点と考慮すべきことをまとめました。

❷両面テープのカタログは、はく離強度主体の記載

両面テープのカタログでは、ほとんどがはく離強度主体で書かれています。粘着剤は柔らかいので、はく離には強いですが、せん断方向の力や長時間力が加わり続けるクリープには弱くなります。クリープ抵抗性は、保持力で表わされます。大半の両面テープのカタログには記載されていますが、記載のないものもあります。両面テープの選定に当たっては、はく離強度より保持力の高いものを選定することが重要です。表2-2-4には、粘着テープのカタログを見る時の着目点と考慮すべきことをまとめました。

❸強度の温度特性は重要

接着剤でも粘着剤でも、温度が変化すると接着強度も変化します。接着部が曝される温度範囲での接着強度の確認を忘れてはなりません。

❹強度データは参考程度に考える

第1章6節で述べたように、接着強度は種々の条件によって変化します。接着剤でも両面テープでも、カタログに記載されている強度の数値は参考程度に考えなければなりません。強度よりも、むしろ、10ページで述べた破壊状態（凝集破壊率）を確認することが重要です。

表 2-2-4　粘着テープのカタログを見る時の着目点と考慮すべきこと

項目	着目点	考慮すべきこと
強度・機械的特性	はく離強度だけでなく、保持力も重要	粘着層が柔らかいほどはく離強度は高くなるが、クリープに弱くなるため、せん断保持力は低下する 部品固定で重要な特性は、はく離強度ではなく、耐クリープ性とせん断保持力である
	強度の値は目安程度に考える	はく離強度は、試験方法・試験片の条件で大きく異なるので注意
	引張り速度を確認する。	引張り速度が速いほど高い強度を示す 部品固定は、極低速での負荷状態であるため、破壊強度はカタログ強度よりかなり低くなる。接着強度の速度依存性のデータが欲しい
	基材の種類	粘着層には不織布やフィルムなどの基材があるものとないものがある。ある場合は基材の種類を確認すること。水を吸いやすい基材では耐水性が低下しやすい
熱的特性	接着強度の温度依存性	粘着剤は一般に高温で柔らかくなるため、接着部の使用温度範囲（低温〜室温〜高温）での接着強度を確認すること 低温では、硬くなり、強度が低下することもある
作業性	タック性	低温では粘着剤が硬くなり、タック性（被着材への付着性）が低下することがある。作業環境の最低温度でのタック性を確認しておくこと 板金部品などでは、脱脂を行っても完全に油分は除去できない。わずかな油分でタック性が得られなくなったり、接着強度が低下することもあるので、表面清浄度の影響も知りたいが、カタログにはほとんど記載はない。メーカーに確認すること

> **要点 ノート**
>
> 接着剤ではせん断強度に惑わされずに「はく離強度」を、両面テープでははく離強度に惑わされずに「保持力」を十分に確認しましょう。接着部品の使用温度範囲での接着強度の変化の把握も大切です。

2 接着剤の選定と評価

カタログの見方②
耐久性データ

❶冷熱サイクル試験の結果は条件で大きく変化する

冷熱サイクルでの劣化は熱応力が原因ですが、第1章4節で述べたように、熱応力や変形は被着材料の線膨張係数、組合せ、弾性率や厚さ、剛性、接着剤の弾性率、線膨張係数、厚さ、部品の構造や寸法など多くの要因で変化します。

表2-2-5に、熱応力が大きくなる条件をまとめました。カタログに記載されているデータは、単純重ね合わせせん断試験片を用いて評価された結果が一般的ですが、実際の製品とは条件が大きく異なるため、実際の製品では、カタログの結果より大きく劣化することも少なくありません。カタログのデータは参考程度に留めて、決して設計データとして使わないようにしてください。

❷耐水性試験の結果は接着部の形状・寸法で大きく変化する

カタログには種々の耐久性試験の結果も記載されています。熱劣化は用いる被着材の材質によっても大きく異なります[4]。カタログの耐久性試験の結果は、特定の被着材での単純重ね合わせせん断試験片（重ね合わせ長さ12.5mm）を用いたものが一般的ですが、耐水性や耐湿性は図2-2-1に示すように、重ね合わせ長さが変わっただけで大きく変化します。

カタログでの試験片より接着面積が大きい場合は、カタログデータより製品の劣化は少なくなりますが、製品の接着面積がカタログデータの試験片の面積より小さい場合は、より速く劣化することになります。また、カタログと製品の被着材や表面処理が異なれば、結果は大きく異なります。カタログのデータは参考程度に留めてください。

❸応力と水分の複合条件下では劣化が加速される

カタログの耐環境性試験は、無負荷状態で実施されたものがほとんどです。応力耐久性として、疲労試験やクリープ試験の結果が記載されている場合もありますが、試験環境はせいぜい高温や低温などの空気中で行われています。

図2-2-2は、いずれも60℃環境でのクリープ破断試験の結果ですが、相対湿度を変化させ、湿度が高くなるとクリープ耐久性は急激に低下しています。このように、応力と水分が複合されて加わると、応力や水分が単独で加わる場合

に比べて急激に耐久性は低下します。疲労やクリープ耐久性のデータは、強度設計の参考値として用いられることが多々ありますが、水分の影響を考慮して低く見積もらなければなりません。

表 2-2-5 冷熱サイクル試験の結果に影響を及ぼす因子

影響	熱応力が大きくなる条件
被着材	2つの被着材料の線膨張係数の差が大きい場合
	弾性率が高い場合
	厚さが厚い場合
	剛性が高い場合
接着剤	被着材と接着剤の線膨張係数の差が大きい場合
	接着剤が硬い場合
接着部	接着部の寸法(長さ)が大きい場合
	接着層が薄い場合
温度	温度変化の幅が大きい場合

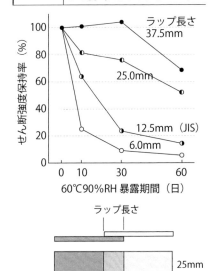

図 2-2-1 引張りせん断試験片のラップ長を変化させた場合の耐湿性の違いの例(ステンレス、SGA)

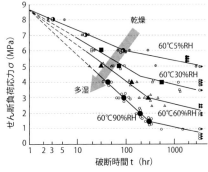

図 2-2-2 60℃における相対湿度とクリープ破断時間の例(軟鋼板同士、SGA)

出所:「高信頼性を引き出す接着設計技術-基礎から耐久性、寿命、安全率評価まで-」原賀康介著、日刊工業新聞社、(2013)、P. 143-172

要点 ノート

冷熱繰返しでの劣化の程度は、多くの因子で変化します。水分劣化は、接着面積や被着材の材質で変化します。応力と水分が複合されると、劣化が促進されます。カタログに記載されている耐久性の結果は参考程度に考えましょう。

【2】接着剤の選定と評価

カタログの見方③
その他に確認すべきこと

❶硬化機構と影響因子

　不思議なことに、接着剤のカタログには、その接着剤がどのような硬化反応で硬化するか、硬化に影響する因子は何があるかについては詳しく書かれていません。硬化のメカニズムは接着プロセスに直接影響しますし、接着剤の保存温度・保管期限にも大きく関係しています。この点を曖昧なまま使用して、不良につながることはよくあることです。図2-2-3には、瞬間接着剤の硬化機構を示しました。カタログに書いていなければ、必ず質問してください。

❷接着剤硬化物自体の物性

　開発段階で有限要素法を用いて応力解析や変形解析を行うことは広く行われています。このためには、接着剤硬化物の弾性率と破断伸びの温度特性、ガラス転移温度（Tg）、線膨張係数などが必要となります。カタログに掲載されていないことが多いですが、メーカーに問い合わせてデータを入手してください。

❸粘度

　接着剤の粘度は重要です。カタログには室温での粘度は記載されていますが、温度を変化させたときの粘度はあまり掲載されていません。粘度は低温では高く、高温では低くなります。低温での粘度は塗布のしやすさに影響しますし、高温での粘度は、加熱硬化時の染み込みや垂れにもつながります。

　粘度は、接着剤のロットでかなり変化します。カタログに粘度の範囲が記載されていない場合は確認が必要です。塗布装置を用いる場合の条件設定や、浸透性・肉盛り性、隙間充填性、加圧力・接着層の厚さなどに影響します。

　粘度の高さと垂れの少なさとは無関係です。高粘度でも時間の経過とともに徐々に垂れてしまうものや、低粘度でも垂直面で垂れないものもあります。粘度の数字は、液体に加わる力の大きさで変化します。このような性質を揺変性（チキソトロピック性）と言います。液体に力が加わっているときは低粘度、力を抜くと高粘度となり、その粘度の比率が高いほど高チキソ性で、塗布後には垂れにくいということになります。垂れ性や流動性が問題となる場合は、チキソトロピック指数をメーカーに確認してください。

❹接着のメカニズムに関係する物性値

　接着のメカニズムとして、表面張力やSP値（溶解度パラメーター）が重要なことが、昔から頻繁に言われています。しかし、接着剤の表面張力やSP値はカタログに記載されていません。また、接着剤と被着材表面は、分子間力で結合していると言われていますが、実際の接着剤のどのような成分のどの部分が被着材料表面と結合しているのか、という情報も記載はありません。

　これでは、メカニズムと現実の材料を関係づけて考えることは不可能で、結局のところ思考錯誤で接着剤や被着材料の表面処理法の選定をするしかないことになってしまいます。この点は、接着剤を用いる機械系の設計者にとって、ただでさえわかりにくいケミカルな現象を、ますます不可解なものにしており、接着技術の最大の謎と問題点と言ってもよいでしょう。

図 2-2-3　シアノアクリレート（瞬間接着剤）の硬化機構

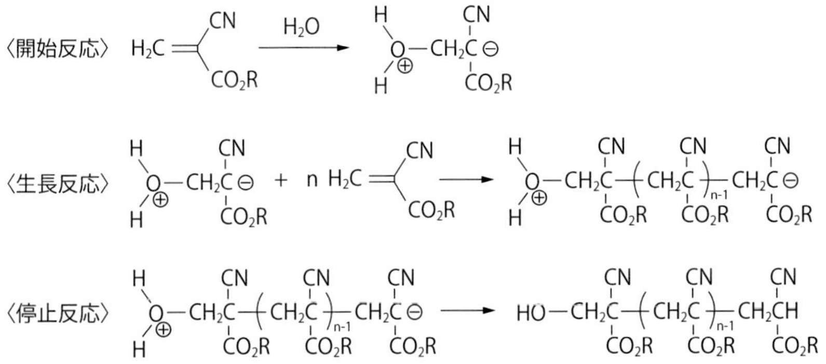

〈開始反応〉　$H_2C=C(CN)(CO_2R) \xrightarrow{H_2O} H_2O^+-CH_2C^-(CN)(CO_2R)$

〈生長反応〉　$H_2O^+-CH_2C^-(CN)(CO_2R) + n\,H_2C=C(CN)(CO_2R) \longrightarrow H_2O^+-CH_2C(CN)(CO_2R)-[CH_2C(CN)(CO_2R)]_{n-1}-CH_2C^-(CN)(CO_2R)$

〈停止反応〉　$H_2O^+-CH_2C(CN)(CO_2R)-[CH_2C(CN)(CO_2R)]_{n-1}-CH_2C^-(CN)(CO_2R) \longrightarrow HO-CH_2C(CN)(CO_2R)-[CH_2C(CN)(CO_2R)]_{n-1}-CH_2CH(CN)(CO_2R)$

表 2-2-6　揺変性の違いによる塗布性、垂れ性の違い

項目		揺変性がない液体	揺変性が高い液体
吐出量	低圧	少量	微量
	高圧	多量（圧力に比例）	大量（圧力に対して急激に増加）
糸切れ		悪い	良好
塗布後		だらだらと流れる	塗布した時の形状を維持する

> **要点　ノート**
> 接着剤の硬化機構と硬化に影響する因子は、必ず確認してください。カタログにはあまり記載されていなくても、接着剤や両面テープを使う上で重要なデータもあります。メーカーに確認してください。

【2 接着剤の選定と評価

選んだ接着剤の適性を評価する

❶実際の材料・部品・工程での簡易評価

　カタログを見て接着剤メーカーにも相談して候補接着剤を入手したら、細かいデータを取る前に、荒っぽくでよいので製品と同じ材質の被着材で、製品に近い形状の部品を用い、実際の接着工程を想定したプロセスで接着作業を行い性能評価をしましょう。試験片でデータを蓄積した後に試作評価を行い、その時点で問題が見つかると、試験片での試験は無駄になってしまいます。

　図2-2-4は、金属製パネル体のパネルと補強材の接着を評価試験した様子です。かなり荒っぽい評価をしているのがわかります。このような評価では、接

図 2-2-4	候補接着剤による製品疑似サンプルによる破壊評価

撮影：原賀康介

図 2-2-5	たがねによる破壊検査の例（ハット形補強材のウェルドボンディング試験体）

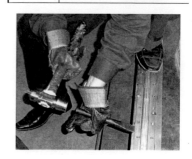

撮影：原賀康介

着強度を数値で得ることはできませんが、必要なのは、接着後の部品に変形や機能上の問題が生じていないか、接着部にクラックが生じていないか、破壊試験では簡単に剥がれてしまわないか、破壊面が凝集破壊になっているか、接着部に欠陥や変色、未硬化部は残っていないかなどを確認することです。

課題が見つかったら、表面処理法の検討や接着剤の改良や代替接着剤の選定を行います。

❷ダミーサンプルによる評価

実物に近い部品が準備できない場合は、図2-2-5、図2-2-6に示すような接着部のダミーサンプルでの評価でも結構です。ただし被着材料や表面処理、接着プロセスなどは、実際にできるだけ合わせた条件で行います。これらの例では、油が付着した状態で接着し、接着剤が硬化する前に接着剤の上からスポット溶接を行っています。

❸試験片でのデータの取得

大まかな予備試験で良好な結果が得られ、採用できる可能性が見えた接着剤については、各種の試験片を用いて詳細なデータ取得に移ります。試験片でデータ取得を行う場合に、JISなどの規格にこだわる必要はないので、実際に使う被着材料を用いて接着部の形状・寸法、力が加わる方向などを考慮し、試験片を考案することが必要です。ガラスやセラミックスなどの割れやすい材料で、引張りせん断試験片やはく離試験片を作っても、ガラスが割れてしまって接着特性の評価はできなくなります。

せん断力は、室温と高温下で、はく離力は室温と低温下で測定しましょう。

図 2-2-6 板/板接着体でのたがねによる破壊検査の例(たがねを入れやすいように端部を曲げ加工)

ダミー試験板　→　接着　→　たがねで破壊

撮影:原賀康介

> **要点ノート**
> 候補接着剤の細かいデータを取る前に、できるだけ実際に近い材料・構造・プロセスで試作評価を行いましょう。その後の試験片での評価では、規格にこだわらず、実際の部品と力の方向に即した試験片の考案が重要です。

2 接着剤の選定と評価

接着のデータベース

❶ 接着のデータベース

　最適な接着剤を選定するには、大変な労力と時間を必要とします。この点は、接着剤を部品組立の手段として採用する際の大きな障害となっています。接着剤の物性データベースがあれば、この障害を大幅に減らすことができますが、残念ながら接着剤の物性データベースは整備されていません。

　まず欲しいデータベースとしては、弾性率・破断伸び率の温度依存性、粘弾性特性の温度依存性、硬化収縮率、線膨張係数などがあります。せん断強度は弾性率に依存し、はく離強度は粘弾性の損失係数（$\tan\delta$）に依存するので、物性データがあれば大まかな予測ができます。正確な接着強度に関するデータは、被着材の種類や表面処理、力の加え方などによって大きく変化するのでデータベース化は困難ですし、その都度評価すべきと思います。

❷ JAXAのデータベース

　数少ない接着剤に関するデータベースとして、宇宙航空研究開発機構（JAXA）の材料データベース〈http://matdb.jaxa.jp/main_j.html〉を紹介します。このデータベースでは、接着剤以外にも多くの用途別に検索ができます。このデータベースの中には、(1)アウトガス・データベース、(2)アウトガスレート・データベース、(3)安全性実証試験・データベース、(4)材料評価・データベースなどのデータがあります。

　熱真空環境下において有機材料などから放出されるアウトガス・データベースで「接着剤」を検索すると現在662種類、オフガス・データベースでは117種類の接着剤が、材料評価データ・ベースでは384種類が検索されます。この中には粘着テープも掲載されています。

　表2-2-7に、アウトガス・データベースの検索結果の一部を示しました。この検索結果から、特定の接着剤のHit.No.をクリックするとデータ詳細の表があり、その中の試験報告書No.をクリックすると測定結果の詳細データも見ることができます。

表 2-2-7　JAXA のアウトガス・データベースでの接着剤の検索結果の一部

Hit No.	DATA No.	材料名（製品名）	素材分類	用途	用途分類	関連プロジェクト	TML [%]	CVCM [%]	WVR [%]	Report No.	市販	認定
592	3758	接着剤 ECCOBOND 56C	エポキシ系	HTVコンポーネントのRFリーク防止用接着剤	接着剤	HTV	0.177	0.012	0.056	23009		
593	3759	ロックタイト384	その他	サーマルフィラー、接着剤	接着剤	熱制御材評価	4.328	0.224	0.203	23012		
594	3767	RTV S691	シリコーン系	ASTM E595 ラウンドロビン 2011 @125℃	接着剤	ASTM E595 ラウンドロビン 2011	0.229	0.058	0.006	23013		
595	3769	KE-103	シリコーン系	BGO/ライトガイドの接着	接着剤	高エネルギー電子、ガンマ線観測装置	0.626	0.178	0.003	23015		
596	3771	BC-600	エポキシ系	BGO/アクリルライトガイドの接着	接着剤	高エネルギー電子、ガンマ線観測装置	1.882	0.033	0.376	23015		
597	3786	RTV S691	シリコーン系	ASTM E595 ラウンドロビン 2011 @180℃	接着剤	ASTM E595 ラウンドロビン 2011	0.594	0.256	0.007	23020		
604	3916	TB2202	エポキシ系	基板部品アンダーフィル用接着剤	接着剤	はやぶさ2	0.450	0.075	0.213	25004		
605	3917	TB2202（ベーキング品）	エポキシ系	基板部品アンダーフィル用接着剤	接着剤	はやぶさ2	0.339	0.062	0.204	25004		
613	4008	接着剤 CC-33A	その他	歪みゲージ固定用接着剤	接着剤	はやぶさ2	3.692	0.002	0.327	26019		
614	4021	ダウコーニング 東レ SE 1700 CLEAR W/C	シリコーン系	ポリイミドフィルム接合用接着剤	接着剤	ソーラーセイルWG	1.248	0.580	0.008	26024		
615	4022	ダウコーニング 東レ SE 1700 CLEAR W/C	シリコーン系	ポリイミドフィルム接合用接着剤	接着剤	ソーラーセイルWG	1.539	0.569	0.006	26024		
616	4051	TB2361	ポリアミド	緩み止め用コーティング（火工品）	接着剤	Bepi Colombo/MMO	0.879	0.029	0.372	27006		
617	4052	TB2365C	ポリアミド	緩み止め用コーティング（火工品）	接着剤	Bepi Colombo/MMO	0.959	0.082	0.365	27006		

出所：材料データベース、宇宙航空研究開発機構（JAXA）〈http://matdb.jaxa.jp/main-j.html〉

> **要点 ノート**
>
> 接着剤の物性データベースがあれば、最適な接着剤を選定するのに有効ですが、残念ながら接着剤の物性データベースは整備されていません。アウトガスなどは、JAXA の材料データベースがあります。

3 被着材料の選定

塗料の密着性が良い材料が、接着性にも適しているとは言えない

❶リン酸塩処理亜鉛めっき鋼板での問題

鋼板メーカーで鋼板の表面に亜鉛めっきされた後に、塗料の密着性を向上させるためにリン酸塩処理されたものがあり、ボンデ鋼板などと呼ばれています。この材料は、各種の塗料の密着性に優れており、焼付け塗装も可能ですが、塗料の密着性が良いからと言って、接着剤の密着性も問題がないとは言えません。

リン酸塩処理膜は、図2-3-1に示すように結晶水を持った結晶であり、結晶水は加熱によって解離が生じます。塗装でも結晶水の解離は起こりますが、解離した水分は塗膜の中を通り抜けて、大気中に揮散していきます。しかし、接着の場合は、両方の被着材とも水分を通さない場合は、解離した水分は逃げ場がないため、接着層に溜まります。高温の蒸気で圧力も高いため界面付近に蓄積して、接着部にはく離を生じさせることになります。

表2-3-1は、リン酸塩処理された亜鉛めっき鋼板同士をSGAで接着した場合の、加熱による接着強度の低下の例です。めっきのない鋼板では200℃以上の加熱に耐えますが、リン酸塩処理被膜では、接着後130℃以上に加熱されるとはく離強度が半減し、180℃以上の加熱ではせん断強度も低下しています。

❷合金化亜鉛めっき鋼板ではめっき剥離に注意

塗料の密着性を向上させるために、鋼板に亜鉛めっき後、熱処理をして表面

図2-3-1	亜鉛めっき後のリン酸塩皮膜面の加熱による結晶水の解離

$$Zn_3(PO_4)_2 \cdot 4H_2O$$
$$\Downarrow 100℃$$
$$Zn_3(PO_4)_2 \cdot 2H_2O + 2H_2O \uparrow$$
$$\Downarrow 190℃$$
$$Zn_3(PO_4)_2 \cdot H_2O + H_2O \uparrow$$

図2-3-2 合金化亜鉛めっき鋼板（アロイ鋼板）におけるZn-Fe化合物の相構造）

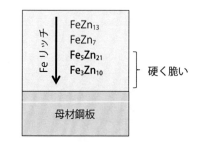

に亜鉛と鉄の合金層を作る合金化亜鉛めっき鋼板（アロイ鋼板）は、自動車の車体などでも多用されています。この合金層は**図2-3-2**に示すように、母材に近いほど鉄リッチとなり、固くて脆い合金となります。このため、硬い接着剤で接着すると、板金部品の接着部に曲げや衝撃、はく離力などの局部荷重が加わると、固くて脆いめっき層が母材表面から簡単に剥がれてしまうことがあります。塗料ではめっき層に大きな力は加わらないため問題は生じませんが、接着では大問題です。

表2-3-1に示すように比較的柔らかいSGAでは、180℃程度の加熱硬化後でも室温でのはく離強度は問題ありませんが、**表2-3-2**に示すように低温でははく離力が加わった瞬間に、板が変形もしないでめっき層が全面接着剤に付着して剥がれてしまいます。硬化後の硬さが硬い接着剤では、室温でも同様のはく離が生じることがあります。硬い接着剤の加熱硬化では、冷却時に生じる熱応力が大きいため、さらにめっきはがれが起こりやすくなります。

表 2-3-1 亜鉛めっきの有無、亜鉛めっき後の後処理と接着後の加熱による強度低下と耐熱限界温度の例（接着剤：SGA）

被着材料	塗料焼付け		接着強度保持率		耐熱限界温度
	温度（℃）	時間（分）	せん断（%）	はく離（%）	
亜鉛めっき鋼板 （リン酸塩処理品）	130 150 180 200	60 60 60 60	— 103 69 67	100 49 — —	130℃
合金化亜鉛めっき鋼板 （無処理・塗油品）	150 180 200 220	60 60 60 60	111 — 100 83	118 117 55 —	180℃
鋼板	210 230 250	10 10 10	148 62 64	— — —	210℃

表 2-3-2 合金化亜鉛めっき鋼板（アロイ鋼板）同士の接着における、室温、低温におけるはく離強度と破壊状態（ウレタン系接着剤）

測定温度（℃）	はく離強度（N/25mm）	破壊状態
＋25℃	216	界面＋凝集
－20℃	0	全面めっき剥がれ

要点 ノート

塗料の密着性が良い材料が、接着にも適しているとは限りません。リン酸塩処理皮膜は、加熱により水分が発生し、接着層にはく離を生じさせます。アロイ鋼板のめっき層は固く脆いため、母材界面から剥がれやすい性質があります。

【4 強度設計、耐久設計上のポイント

接着強度の実力値はどのくらいか

❶破断強度は接着強度ではない

　図1-1-6に示したように、接着部が破断する以前に、接着部の内部では繰返し内部破壊が発生しています。また、接着強度にはばらつきもあるので、平均破断強度を接着強度と考えることは適当ではありません。さらに、劣化すると平均強度の低下とともに、ばらつきが増加します。設計に用いる強度としては、さらに、安全率も加味しなければなりません。これらを考えると、設計に用いることができる設計許容強度は、平均破断強度よりかなり低い値となります。

❷設計許容強度の考え方[10, 12-14]

　図2-4-1に示すように、平均破断強度に対して、安全率、内部破壊の発生開始強度、劣化による強度低下、劣化によるばらつきの増加を考え、設計段階で決められた許容不良率以上の不良が生じない強度を、設計許容強度と考えるべきでしょう。図2-4-1のp_y、すなわち、耐用年数経過後の良品の最低強度を設

図 2-4-1　設計許容強度（接着強度の実力値 p_y）の考え方

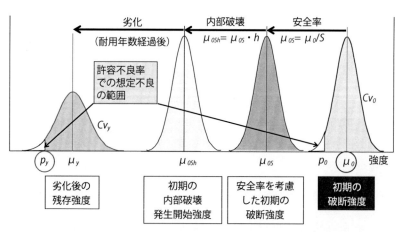

h：内部破壊係数、S：安全率、$Cv_y = k \cdot Cv_0$（k：劣化による変動係数の増大率）

計許容強度と考えることにします。

❸設計許容強度p_yは平均破断強度μ_0の何分の1くらいか

これは、式2-4-1で計算することができます。破断強度に対する内部破壊の発生開始強度の比率h（内部破壊係数）は、静的荷重負荷のみの場合は0.5、高サイクル繰返しが加わる場合は0.25と考えます。劣化によるばらつきの増加は、変動係数の増大と考え、耐用年数経過後の変動係数Cv_y＝初期の変動係数Cv_0×ばらつきの増加率kとします。

kは、筆者の多くの耐久性試験結果や実績データから、30年間屋外で使用され繰返し疲労もかかる場合でも、初期に凝集破壊していれば1.5以下と考えればよいでしょう。初期のばらつき係数d_0は、設計段階で設定された許容不良率において、良品の下限強度p_0が平均強度μ_0に対してどのくらい必要かという品質レベルを表わすもので、設計段階で設定します。η_yは、劣化後の強度保持率です。大きく劣化しても、不良さえ出なければそれでよいとも言えますが、大きく劣化すると劣化予測での想定モード以外の劣化が生じてくるので、$\eta_y = \mu_y / \mu_{0Sh}$は0.5以上くらいに設定すべきでしょう。

❹設計許容強度p_y/平均破断強度μ_0の割合

式2-4-1で求めると、設計許容強度は初期の平均破断強度の1/20～1/40程度となります。低すぎると感じられるかもしれませんが、これが実力です。なお、得られた結果は製品の接着部が曝される温度の範囲で、最も強度が低下する温度で考える必要があります。

式2-4-1 初期の平均破断強度に対する接着強度の実力値の割合を求める式

$$p_y/\mu_0 = h\{1-k(1-d_0)\}\eta_y/S \cdots (1)$$

p_y：耐用年数経過後の良品の下限強度
μ_0：初期の平均破断強度
h：内部破壊係数
k：劣化による変動係数の増大率
d_0：初期のばらつき係数　$d_0 = p_0/\mu_0$
η_y：劣化後の強度保持率　$\eta_y = \mu_y/\mu_{0Sh}$
S：安全率

要点 ノート

平均破断強度を接着強度の実力値と考えてはいけません。安全率、許容不良率、強度ばらつき、内部破壊、劣化を考慮すると、設計に用いることができる設計許容強度は初期の平均破断強度の1/20～1/40程度です。

4 強度設計、耐久設計上のポイント

クリープ対策は重要

❶クリープには要注意

　接着剤のクリープとは、図2-4-2に示すように接着剤に力が継続して加わっていると、接着剤の粘性的性質により時間の経過とともに接着剤が伸びて、やがては破断する現象のことです。時間とともに歪んでいくことをクリープ変形、破断することをクリープ破壊と言います。接着剤が柔らかいほど、温度が高いほど、荷重が大きいほどクリープ変形の速度は大きく、クリープ破断時間は短くなります。

❷加えられる応力値は驚くほど低い

　図2-4-3は、柔らかい変成シリコーン系接着剤（弾性接着剤）のクリープ特性の一例です。Larson-Millerのマスターカーブと呼ばれるもので、縦軸は接着部に加えられる応力値、横軸のTは、使用環境温度の絶対温度（°K）で摂氏に273を加えた値、tは破断時間、Cは材料定数と呼ばれるもので、ここでは30です。この結果では、40℃で10年間壊れない負荷できる応力値の上限値は0.07MPa、60℃で15年間壊れない負荷できる応力値の上限値は0.03MPa程度となります。これらの応力値は、この接着剤の室温での静的せん断破壊強度は3.4MPaなので、室温強度の約1/50、約1/100となります。

　硬い接着剤では、これほど小さな値にはなりませんが、クリープは生じるため、十分な注意が必要です。

❸クリープと水分の複合劣化

　96ページで、クリープ応力が加わっている状態で水分が作用すると、クリープ耐久性は非常に悪くなることを述べました。クリープに限らず、繰返し疲労などの応力や内部応力によっても、水との複合劣化は起こるため要注意です。

❹対策

　何と言っても接着部にクリープ応力が加わらない構造にするしか、対策の手段はありません。図2-4-4は、接着剤とリベットやスポット溶接を併用した場合のクリープ破断特性ですが、金属締結の併用によりクリープ特性が大きく改善されることがわかります。ちょっとした引っかかりができるような簡単な構造でもよいので、クリープ力が加わらない構造を考えてください。

図 2-4-2 クリープ変形とクリープ破断のイメージ

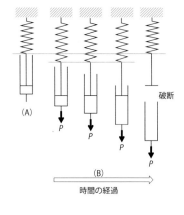

図 2-4-3 変成シリコーン系弾性接着剤のクリープ破断試験結果（Larson-Miller 法）

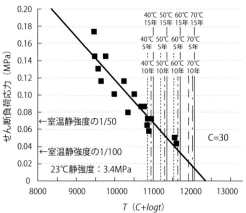

出所：「高信頼性を引き出す接着設計技術－基礎から耐久性、寿命、安全率評価まで－」原賀康介著、日刊工業新聞社、(2013)、P.197-204.

図 2-4-4 ウェルドボンディング、リベットボンディングによるクリープ破断特性の改善（60℃ 90%RH 雰囲気中）

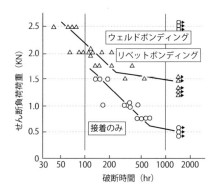

出所：「自動車軽量化のための接着接合入門」原賀康介、佐藤千明著、日刊工業新聞社、(2015)、P.94-96

要点 ノート

クリープは接着剤にとって大敵です。特に柔らかい接着剤では、室温静強度の1/50や1/100という小さな力でも破断に至ります。クリープと水の複合劣化も要注意です。接着部にクリープ荷重が加わらない構造設計が重要です。

【4】強度設計、耐久設計上のポイント

耐水性確保のための接着部の寸法設計

❶細長い接着部における糊しろWの設計[4]

図2-4-5に示すような幅がWの細長い接着部では、水分はFickの拡散の法則に従って、幅方向に両側から入ってきます。接着部の平均吸水率がある一定値となる時間は、幅の比の2乗に比例します。例えば、幅Wを2倍にすると同じ劣化をする時間は4倍かかり、幅を3倍にすると9倍の時間がかかります。逆に、幅が1/3になれば、1/9の時間で同じ劣化をすることになります。

図2-4-6は、幅が12.5mmと25.0mmの細長い接着部における屋外暴露試験の結果です。幅が2倍になると、劣化速度は1/4になっていることがわかります。試験片の幅と製品の接着部の幅の比を考慮して、試験片での結果を補正して考えることが重要です。逆に言えば、試験片での結果から、製品での必要な接着部の幅を設計できることになります。

❷接着部が四角形や円形などの場合の寸法の設計

図2-2-1で示したように、耐水性や耐湿性は、接着部の形状・寸法で変化します。接着部の形状が四角形や円形のような閉じた形状の場合は、[接着面積S/接着部周辺の長さL]が大きいほど耐水性は向上します。図2-4-7は、接着部の形状が円形、正方形、正三角形でそれぞれ大きさが異なるステンレス同士をSGAで接着して、80℃90%RH雰囲気に5日間暴露した後の、S/Lと接着強度保持率(初期強度に対する残存強度の比率)の関係を示したものです。S/Lが大きくなるほど、劣化が少ないことがわかります。製品の接着部のS/Lは、試験片のS/Lより十分大きくなるように設計することが重要です。

❸耐水性評価試験の目安

筆者の長年の経験と実績データから、JIS引張りせん断試験片を用いて、60℃90%RH雰囲気中で60日間暴露後の接着強度保持率が70%以上あれば、屋外などの湿潤乾燥が繰り返される環境で、20年から30年間程度の使用に耐え得ると考えられます。強度保持率が70%以下の場合は、60日間暴露後に乾燥させた後の強度保持率が80%以上あれば、同様に考えてもよいでしょう。

図 2-4-5 幅 W の細長い接着部への水分の浸入口と幅方向の水分濃度の分布

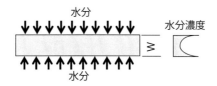

図 2-4-6 細長い接着部における接着部の幅と屋外暴露耐久性の例

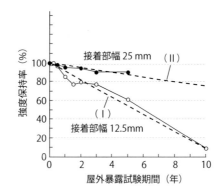

出所:「高信頼性を引き出す接着設計技術－基礎から耐久性、寿命、安全率評価まで－」原賀康介著，日刊工業新聞社，(2013)，P.152-165

図 2-4-7 S/L と耐湿性の関係（ステンレス、アクリル系接着剤、80℃ 90% RH 5 日間暴露後）

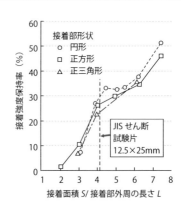

出所:「高信頼性を引き出す接着設計技術－基礎から耐久性、寿命、安全率評価まで－」原賀康介著，日刊工業新聞社，(2013)，P.152-165

要点ノート

水分劣化は接着部の形状・寸法で大きく異なります。細長い接着部では幅が広いほど、閉じた形状では S/L が大きいほど劣化は少なくなります。試験片と製品の接着部の寸法を比較して、試験片での結果を補正して考えましょう。

5 構造設計上のポイント

壊れにくい構造にする

❶接着部は面接合が基本
　金属板同士をアーク溶接で接合する場合は、図2-5-1(A)のように、突き合わせでの接合ができますが、接着剤を用いて接合する場合は、線や点での接合は不適です。接着の場合は、図2-5-1(B)のように、板を折り返して接合面を設けて、面同士で接合する必要があります。

　接着の構造設計になじみがない場合は、まず、ねじやリベット、スポット溶接などなじみの面接合法で構造を考えてみてください。

❷接着ははく離や衝撃などの局部荷重に弱い
　接着は、はく離力や衝撃力などの局部荷重に弱いという欠点があります。壊れにくい構造設計の基本は、接着部に局部荷重が加わらない構造にすることです。

❸せん断方向に力が加わる構造にする
　基本的に面接合された接着部に、接着剤に平行方向の力（せん断力）が加わるようにすることが基本です。図2-5-2の(A)や(B)のような接着構造では○印の部分に、接着部に垂直方向のはく離力が加わってしまいます。(C)のようにすることで、はく離力を避けてせん断力で受けることができます。

❹垂直方向の引張り力は避ける
　図2-5-3(A)のような突き合わせ接着では、軸心が常に出ていて接着部に均

図 2-5-1 │ 接着部は面接合構造とする

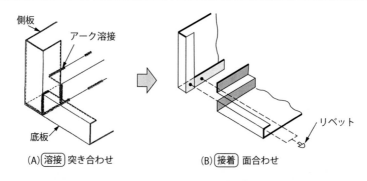

(A) 溶接 突き合わせ　　(B) 接着 面合わせ

一な応力が加わった状態では高い接着強度が得られます。しかし、(B) のように軸心がずれると、接着面に偏心荷重が加わり、接着部に応力集中が起きて強度は低下します。常に軸心を保つ構造は複雑になるので、突き合わせ接着は極力避けるようにしましょう。

❺破壊に対する冗長性の確保

　予期せぬ力や火災などの高温により、接着部が破壊することがあります。接着部の破壊は、破壊が始まると短時間に破断に至るケースが大半です。接合部が破断して部品がばらばらになることは、破壊として最悪の状態です。少なくとも分断せずに、最低限つながっていれば、異常に気づいて大事に至る前に対応することも可能です。22ページで述べた複合接着接合法を採用することで、破壊に対する冗長性を確保することができます。想定外事項への対応をしておくことは、企業や技術者の最低限の社会的責任ではないでしょうか。

図 2-5-2 　接着部に加わるはく離力を回避する構造例

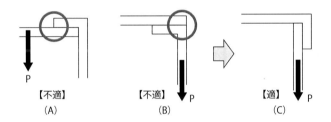

【不適】　　　　【不適】　　　　【適】
　(A)　　　　　　(B)　　　　　　(C)

図 2-5-3 　突き合わせ接着での垂直方向の引張りでは、偏心荷重が加わると応力集中が起こって破壊しやすい

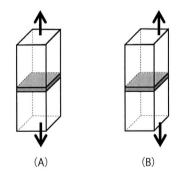

(A)　　　　(B)

要点 ノート

接着の継手設計の基本は、まず面接合にし、局部荷重を避けてせん断力で受ける構造にすることです。予期せぬ破壊での分断の回避は必須です。複合接着接合法の活用を考え、破壊に対する冗長性を確保しましょう。

5 構造設計上のポイント

不連続性を回避する

❶形状の不連続性の回避

図2-5-4に示すように、接着した部品に引張りやモーメントが加わると、(A)では接着部の角の〇印部分に応力集中を起こして破壊しやすくなります。(B)のように角を落としたり、さらに、(C)のようにRをつけることで角部での応力集中を低減できます。加工が面倒になりますが、(D)のように両部品ともRをつければ最適です。

このように、接着部の応力集中を避けるためには、接合部にRをつけて角部をなくすことが重要です。接着剤のはみ出し部（フィレット）を連続的に形成して段差をなくすことも効果的です。

❷剛性の不連続性の回避

図2-5-5(A)に示すように、2枚の板を重ね合わせ接着すると接着部の板厚は厚くなり、非接着部の板厚（剛性）との不連続が生じるため、変形で接着部の端部に応力が集中して破壊しやすくなります。また、(B)のように力の流れも抵抗が大きいため、重ね合わせ部で曲がりが生じ、はく離力が生じます。(C)のようにスカーフ継手にすることで、板厚の不連続性がなくせ、力の流れもスムースになります。スカーフ加工が困難な場合に、部品点数は増加しますが(D)のように、スカーフ状の当て板を両側に接着する妥協策もあります。

図 2-5-4 　接着部の形状の不連続性の回避の例

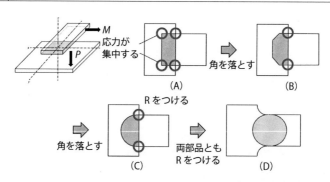

❸物性の不連続性の回避

図2-5-6(A)のように硬い部品に、非常に柔らかい部品を非常に柔らかい接着剤で接着すると、力が加わったときに、(B)の○の部分で局部的に大きく変形し、応力が集中します。(C)のように、少し硬めの接着剤に変えると局部変形が小さくなり、応力集中が低減します。(D)のように、異なる硬さの接着剤を2層や3層に塗布して硬さを徐々に変化させると、局部変形はさらに小さくなり応力集中は低減します。このように、被着材／接着剤／被着材の物性の不連続性を小さくすることが重要です。実際に、ゴム／金属の加硫接着に用いられる接着剤は、ゴムより硬く、2層塗布などがなされています。

温度変化による熱応力の低減のためには、弾性率だけでなく、線膨張係数の不連続性を低減することも効果的です。

図 2-5-5 板の重ね合わせによる剛性の不連続性を回避する構造の例

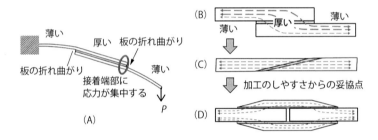

図 2-5-6 硬い部品と非常に柔らかい部品の接着における、接着剤の物性の不連続性の回避の例

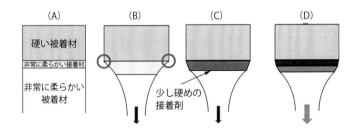

> **要点 ノート**
> 接着部の破壊を防ぐには、接着部の不連続性の回避が重要です。接着形状の不連続性、重ね合わせでの板厚の違いによる剛性の不連続性、被着材／接着剤／被着材の弾性率、伸び、線膨張係数などの物性の不連続性を回避しましょう。

【5】構造設計上のポイント

クリープを防止する構造

❶クリープ力は接着の大敵

　これまでに、クリープ力は接着の破壊や劣化に大きく影響することを述べてきました。図2-5-7(A)に示すように、縦面に部品を取り付ける台座を接着して、台座に部品を取り付けて固定することは多いと思います。接着の破断強度に対して、部品の重さが軽いから大丈夫と考えるのは危険です。108ページで述べたように、柔らかい接着剤を用いた場合は接着破断強度の1/50や1/100の荷重でも破壊に至ります。(B)に示すように台座を底面まで伸ばせば、接着部にクリープ力はかからなくなります。

　図2-5-8は、板金製扉の蝶番金具の接着部の構造です。蝶番には常に大きな力が加わっているため、接着にとっては厳しい部分です。しかし、蝶番部品の折り曲げ加工時に突起を作り込み、扉側にはタレパンでスリットを作り込んで突起とスリットを合わせて接着すれば、クリープ力を回避でき、また接着時の位置合わせも容易になります。

❷隙間の加圧接着によるクリープ

　図2-5-9は、箱体の本体への棚板の接着を示しています。外箱と棚部品の幅が精度良くできていれば、接着層の厚さは薄くできますが、棚板の寸法が小さい場合には接着層に大きな隙間ができてしまいます。通常は圧締治具で加圧し、部品同士を引きつけて接着剤を硬化させてしまいます。しかし、硬化後に圧締を解除すると、部品には元の形状に戻ろうとするスプリングバック力が作用し、この力が接着部のクリープ力となります。接着後に焼付け塗装がされる

図2-5-7 クリープを回避する構造の例

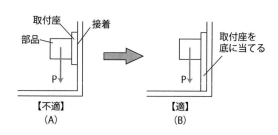

場合は、高温でクリープにより剥がれてしまうこともあります。

　部品精度を高くすることが基本ですが、このような差し込み構造では、接着時に接着剤が掻き取られるという不都合も生じます。接着剤の掻き取り防止と部品精度吸収のために、(B)のように棚板を分割すれば、部品精度や接着作業、クリープ対策などの点で効果的です。

❸複合接着接合法の活用

　図2-5-8で示した扉のヒンジの接着部は、扉の開閉時には大きなモーメントが加わり、接着はく離を起こしやすくなります。繰り返し述べているように、複合接着接合法を活用することで、クリープ防止や破壊強度の向上を図ることができます。図2-5-9で示した隙間が大きな部品でも、治具代わりにリベットなどを併用すれば、取り外さないため接着部へのスプリングバック力の作用をなくすことができます。

図 2-5-8 板金部品に作り込んだ突起とスリットによるクリープ回避構造の例

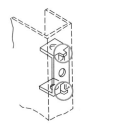

図 2-5-9 隙間が大きな接着部を、治具で加圧して接着した後、圧縮を解除すると接着部にはスプリングバックによるクリープが作用する

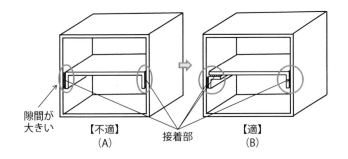

> **要点 ノート**
> クリープは接着の大敵です。柔らかい接着剤では、破断強度の1/50や1/100の負荷でも破壊に至ることがあります。部品のスプリングバック力もクリープ力になります。複合接着接合法の活用などでクリープ力を回避しましょう。

5 構造設計上のポイント

作業が容易な構造

❶位置合わせが容易な構造

部品の位置を罫書いても、接着剤のはみ出し部で罫書き線は見えなくなります。位置合わせ治具は手間がかかります。図2-5-10の例のように、部品に位置合わせができる工夫をして、簡単に合わせられるようにしましょう。図2-5-11は、板金部品にカウンタシンク加工を行って、凹凸を合わせることで位置合わせを簡素化する例です。カウンタシンクの凸部側に接着剤を塗布しておけば、位置が合うまで接着剤は相手面に触れず、接着剤の付着による汚れや掻き取りも防止できます。カウンタシンクの凹みは、リベットやねじを併用する場合の出っ張り防止にも効果的です。

❷貼り間違いを防止する構造

よく似た部品や裏表の区別がつきにくい部品を間違って貼ってしまったら、気がついたときには後の祭りです。図2-5-12に示すように、類似部品では形状や寸法を若干変えて、裏表や方向は切り欠きなどで区別しやすくしましょう。

❸はみ出し部の影響を回避する構造

図2-5-13に示すように、接着剤がはみ出して硬化した部分に、後から取り

図 2-5-10 | 切り欠き部による位置合わせの簡素化の例

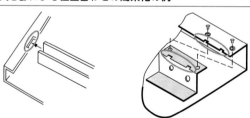

図 2-5-11 | カウンタシンク加工による位置合わせの簡素化の例

付ける部品が乗り上げることがあります。はみ出し部を考慮して、部品の取り付け位置を離したり、接着部品の端部を浮かして接着剤がはみ出さないようにするなどの工夫をしましょう。はみ出し部を除去するためにマスキングテープを用いることもありますが、貼りつけたり剥がしたりの作業は面倒です。接着剤が硬化した後には簡単に剥がれません。また、板金部品などで油が付着した状態で接着する油面接着の場合は、マスキングテープが付着しません。

❹差し込み部品の欠陥防止

図2-5-9(A)に示したように、接着剤を塗布した部品を差し込んで接着する必要がある場合は、接着剤が掻き取られたり、部品が接着剤で汚れることがあります。図2-5-11で示したカウンタシンク加工を行うことで、凸部で部品を押し広げながら差し込んでいけるので、きれいな接着ができます。

❺その他

接着剤が塗布しやすい構造、塗布した部品を反転させない構造、下から積み上げていく構造、加圧固定がやりやすい構造なども検討しておきましょう。

| 図 2-5-12 | 類似部品の区別、方向、表裏の間違い防止策の例 |

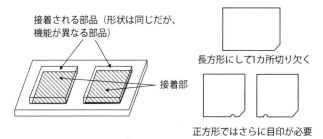

| 図 2-5-13 | はみ出し部の影響を回避する構造の例 |

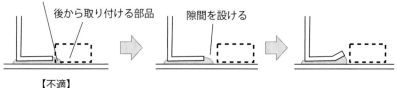

> **要点 ノート**
> 接着の構造設計では、強度面だけでなく、作業がやりやすい構造の検討も重要です。作業のやりやすさやポカ除けは、歩留まり向上、品質向上、コストダウンに直接つながります。品質、コストは設計の出来映え次第で決まります。

【5 構造設計上のポイント

検査がしやすい構造とダミーサンプル

❶組立後の検査で分かること

　接着部の強度を非破壊で検査することは不可能です。最終工程で検査できることは、部品の方向や裏表に間違いはないか、位置ずれはないか、接着層の厚さは適切か、接着のはみ出し状態から接着剤は適正な量が塗布されているか、硬化状態は十分か、色むらなどの異常はないかなどです。

❷接着剤が見えない部分の検査はどうするか

　図2-5-14のように、接着剤のはみ出し部が見えない部分にくる場合もあり、この場合ははみ出し部での検査ができません。そこで図2-5-14のように、接着部の中央付近に何カ所か小穴を開けておけば、小穴から接着剤がはみ出して硬化します。接着剤がはみ出していれば内部にも入っていると言えますし、はみ出し部が硬化していれば内部も硬化していると考えられます。

　図2-5-15(A)は、平面パネルにハット形補強材をつばの部分で接着する例です。一般に接着剤のはみ出し部で接着の検査がなされますが、補強材の内側にはみ出した接着剤は見えないため検査ができません。これでは、接着面の全面に接着剤が回っているかの確認ができません。また、接着剤のはみ出しが多いと、54ページで述べたように歪みが生じやすくなるため除去する必要がありますが、補強材の内側での除去は困難です。そこで(B)のように、逆ハット形にして接着すれば内側のはみ出し部はなくなり、検査やはみ出し部の除去が容易にできるようになります。

❸検査用ダミー部品の設計

　接着強度の検査は、製品の抜取りによる破壊試験が行われますが、大型品や高額な部品では容易ではありません。その場合は、製品と同じ材料を用いてダミーサンプルを作製し、それを破壊試験する方法が採られます。接着作業や検査の現場に強度試験機があるとは限りません。ダミーサンプルの形状・寸法と、現場で簡易に使用できる試験装置の設計も、接着設計段階での重要な仕事です。ダミーサンプルによる簡易破壊試験の例は、100ページにも示しました。図2-5-16は、簡易てこ式ローラーはく離試験具でのダミーサンプルの検査の例です。

> 図 2-5-14 　はみ出し部が見にくい部分でも検査がしやすい構造の例

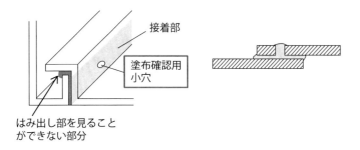

> 図 2-5-15 　見えない部分でのはみ出しをなくす構造の例

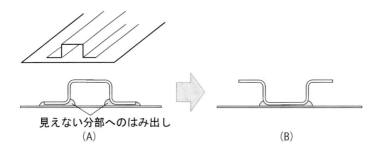

> 図 2-5-16 　ダミーサンプルの簡易てこ式ローラーはく離試験具での検査の例

撮影：原賀康介

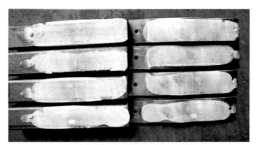

試験後のダミーサンプルの例
（鋼製剛体部品と鋼板の接着）

要点 ノート

接着設計の段階で、どのような検査を行うかを決めて、検査がやりやすい構造や、ダミーサンプルの形状・寸法と現場で使える簡易な評価装置も決めておきましょう。

6 プロセス、設備の最適化

チェックリストや特性要因図の活用

❶プロセス、設備、作業条件、管理条件を決めるのは接着設計段階の仕事

接着のプロセス、設備、作業条件、管理条件を決めるのは、接着剤が最終的に決定した後の作業であってはなりません。接着設計の段階でしっかりと作り込みを行い、プロセス的、設備的、管理的に有利な接着剤を選定することが、品質、コストに優れた製品を生み出す基本です。

❷チェックリストの活用

表2-2-2には、1液湿気硬化型接着剤の使用上の注意点、管理のポイントのチェックリストを示しましたが、他に2液型エポキシ系接着剤、1液型エポキシ系接着剤、2液型ウレタン系接着剤、2液型アクリル系接着剤（SGA）のチェックリストが、以下からダウンロード可能です。〈https://www.haraga-secchaku.info/checklist/〉

これらのチェックリストを比較すると、接着剤の種類によって作業・管理の

図 2-6-1 高品質接着のための特性要因図の例

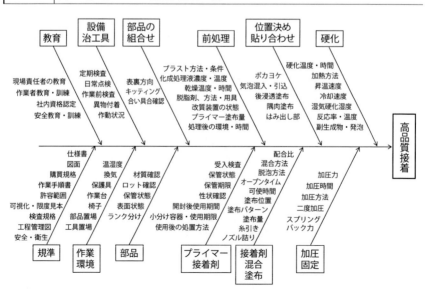

ポイントが大きく異なることが分かります。これらを活用し、候補となっている接着剤での最適なプロセス、設備、管理の方法などを検討します。

❸特性要因図の活用

高品質接着を行うための特性要因図の例を図2-6-1に示しました。高品質接着を達成するためには、多くの検討課題があることがわかると思います。しかし、接着剤の種類や使い方によって重要な課題は絞られます。❷のチェックリストと合わせて、重要課題を絞り込んください。

❹作業環境の整備も忘れないで

接着剤の種類によっては、作業環境が大きく特性に影響を及ぼすことがあります。図2-6-2は、2液型ウレタン系接着剤の発泡に及ぼす接着時の温度・湿度の影響を示したものです。この接着剤では、接着剤を塗布して貼り合わせまでのオープンタイムが5分の場合、水蒸気圧は10mmHg（13.3hPa）以下であることが必要で、例えば25℃では40％RH以下に湿度を管理しなければならず、冬期の暖房時は問題ありませんが、夏期の冷房時には相当な除湿能力を有する空調設備が必要となります。

プロセスや設備、管理、環境整備が煩雑になる接着剤は、この時点で候補品から除外することも考えねばなりません。

図2-6-2 2液型ウレタン系接着剤の発泡に及ぼす接着時の温度・湿度の影響の例

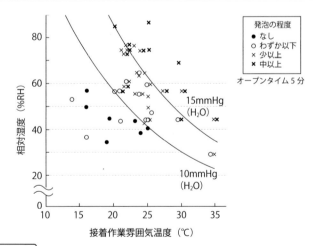

要点 ノート

接着のプロセス、設備、作業条件、管理条件は、接着剤が最終的に決定した後に決めるのではなく、プロセス的、設備的、管理的に有利な接着剤を選定することが、品質・コストに優れた製品を生み出す基本です。

6 プロセスと最適値、許容範囲の決定

最適条件と許容範囲を決める

❶プロセスごとに条件を決める

　表2-6-3に、一般的な接着のプロセスを示しました。前項で述べたように、接着剤の種類によって重要な管理のポイントは異なりますが、共通的に部品の表面張力（濡れ性）、表面処理や表面改質から接着までの環境条件、時間、接着剤の配合比、混合の程度、混合開始から加圧固定終了までの環境条件と時間、塗布量、塗布位置、貼り合わせの位置精度、加圧力、加圧時間、硬化条件などの最適条件と許容範囲を決める必要があります。

❷始めの工程は特に重要

　一連の工程の中で、最初に近い工程ほどしっかりと管理する必要があります。例えば、接着される部品の表面状態の管理がしっかりできていなければ、後の工程がきちんと管理されていても、高品質な接着はできなくなります。

　図2-6-4は、ニッケルめっきされた部品の放置期間による表面濡れ指数（表面張力）の変化の例です。表面張力は30ページで述べたように、一般に下限値は36mN/m、最適値は38mN/m以上と規定すればよいでしょう。受入検査では出荷時の濡れ指数を検査表で管理しますが、受入時に合格であっても、接着の段階では不合格になっているかもしれません。接着前に濡れ指数を検査することは必須です。下限値を下回るものが多ければ表面改質の工程を追加し、改質後に検査しなければなりません。

　もちろん、表面改質の条件も最適値と許容範囲を決める必要があります。表面改質の管理条件としては、プラズマノズルや短波長紫外線ランプの出力、距離、改質時間、環境温度・湿度、改質から接着までの環境条件、時間などがあります。改質時間が長くなると表面張力は高くなりますが、接着強度が低下することもあるため、上限時間の規定は重要です。

❸インライン作業かバッチ処理かも決める

　表面改質後の放置可能時間が長ければサブラインやバッチ処理も可能ですが、放置可能時間が短ければインラインで接着の直前に処理しなければなりません。最適条件と許容範囲によって、工程を考えましょう。

❹工程内での検査方法も決める

例えば、接着剤が塗布された部品を貼り合わせる段階では、部品の異常の有無、接着剤の混合度合い、塗布量、塗布パターン、塗布位置などをチェックする必要があります。検査項目の明確化が必要です。短時間で多くのことを自動で検査できればよいのですが、むしろ人手作業の方が適しているという場合も多々あります。機械作業と人手作業との最適化も考えましょう。

❺許容範囲を超えたら設備が自動停止すること

自動化された工程では常に作業条件をモニターし、許容範囲を超えた場合はアラームを出して自動的に停止する設備にしておくことも重要です。

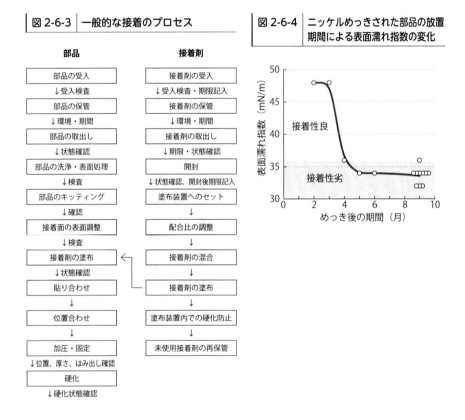

図 2-6-3 一般的な接着のプロセス

図 2-6-4 ニッケルめっきされた部品の放置期間による表面濡れ指数の変化

> **要点 ノート**
> 接着工程がほぼ決まったら、各工程ごとに最適条件と許容範囲、検査箇所を決めます。工程内での検査のことも考慮して、機械作業と人手作業の最適化を図りましょう。設備は、許容範囲を超えたら自動停止しなければなりません。

6 プロセスと最適値、許容範囲の決定

トラブル時の工程の連動停止を考える

❶トラブル時に連動停止させる工程の範囲

　いずれかの工程でトラブルが起こったら、ラインを停止しなければなりません。しかし、トラブルが生じた工程だけを止め、前工程を止めなければ問題が生じます。図2-6-5は、一般的な接着工程において、ある工程でトラブルが生じた場合に、連動して停止させなければならない工程の範囲を示しています。

　例えば、加圧・固定の工程でトラブルが起こったら、表面処理や表面改質の工程から同時に停止させます。処理投入前の部品は投入しないように停止させます。表面処理や表面改質中の部品は処理を行い、処理終了後に停止させます。処理後の使用可能時間が、上限を超えない時間でトラブルが解消できればそのまま流しますが、上限時間を超えた場合はラインから排除します。接着剤がすでに塗布された部品は、図2-6-6に示すように接着剤の混合・塗布から貼り合わせ・加圧固定までの時間が長くなると、接着強度が低下します。工程の最適条件と許容範囲で規定された上限時間を超えそうな場合は、接着剤を拭き取って、再洗浄を行う必要があります。

❷すべての作業を途中で停止させてはいけない

　表面処理・表面改質の工程を停止させる場合、例えば低圧水銀ランプによる短波長紫外線での表面改質では、ランプをONにして安定するまで時間がかかるため、工程が停止してもランプを消灯させてはいけません。塗布工程を停止させる場合は、塗布作業が待ち状態となるため、2液室温硬化型接着剤は塗布装置のミキサー内でゲル化や硬化を起こす心配があります。このため、塗布装置を自動的にゲル化防止モードでの運転に切り替える必要があります。

　このように、1つの工程内でもどこまで流すか、どこから止めるか、設備の運転状態をどうするのかなどを細かく決めておく必要があります。これらのことは、工程設計、設備設計の段階で決めておくことが必要です。

❸工程内での仕掛品を最小限に留める

　表面処理・表面改質の開始から加圧・固定までの間の工程中にある部品数は最小限に留めましょう。できれば、複数の工程をまとめて1つの工程に集約できれば、仕掛品を少なくすることができます。

図 2-6-5　トラブル時に連動停止させる工程の範囲

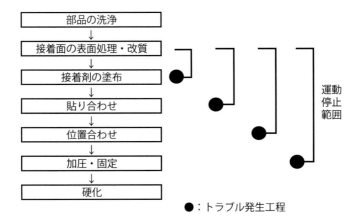

図 2-6-6　接着剤の混合・塗布から貼り合わせ・加圧固定までの時間と接着強度の変化の例

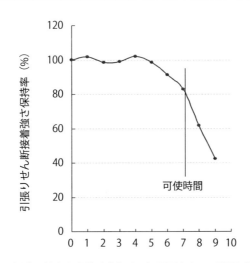

要点 ノート

いずれかの工程がトラブル停止した場合、前工程のどこから連動停止させるかを工程設計、設備設計段階で決めておきましょう。その際、接着作業を停止しても、停止してはならない設備や待機モード運転が必要な設備もあります。

7 試作時の注意点

試作時のチェックポイント

❶接着作業に入る前の確認事項

表2-7-1に、接着作業に入る前の確認項目を示しました。この段階では、接着する部品同士を接着剤を塗布せずに合わせてみて、合い具合を確認すること、組立手順を決めることが重要です。接着とリベットやねじなどを併用する場合は、リベットの穴の寸法と合い具合の確認も重要です。準備した治具や用具・工具の使い勝手も確認します。また、実際に試作を行う作業者に対する教育・訓練も行います。接着設計の段階で決定した接着工程ごとの最適条件と、許容範囲の確認もしておきましょう。

❷接着作業時の確認項目

準備が終わったら接着作業に入ります。接着作業時の確認項目を表2-7-2に示しました。ここでは、前段階で決めた組立手順に従って組立を行っていきます。工程ごとに、所要時間、温度・湿度、作業のやりやすさや課題などを確認して記録しておきます。写真やビデオ撮影も行いましょう。

❸接着作業終了後の確認項目

表2-7-3に、接着作業終了後の確認項目を示しました。まず、接着部の外観

表 2-7-1 試作時の確認ポイント（接着の前作業）

項目	確認ポイント
部品単体	必要な部品がすべて揃っているか
	部品の寸法
	接着に影響するバリや局部変形の有無
	接着面の状態
部品相互	接着する部品の合い具合
	部品の干渉の有無
	接着隙間の大きさ
接着剤	接着剤の状態
組立手順	接着の組立手順
	接着の各工程での最適条件と許容範囲の確認
接着部の構造	位置決め、加圧固定の難易度
用具・工具・設備	前処理用具・設備、濡れ試薬、接着剤計量・混合・塗布用具・設備、加圧・固定治具・設備、硬化設備、温湿度計、ストップウォッチ、廃棄物容器
	治工具類の使いやすさ
環境	作業場の温度・湿度の確認
作業者	指導（作業面、安全・衛生面、トラブル時の対応）
	保護具

を見て、はみ出し部で未硬化部・色むら、隙間、クラック、気泡などの有無を確認します。次に、位置精度、接着層の厚さ、接着部の変形や歪みなどを見ます。その後、機器としてのスペックを満たしているかを試験します。

性能評価が終わったら、接着部の破壊検査をします。簡単な強度試験機が使えれば理想的ですが、使えなければ破壊する際に容易に剥がれてしまうか、相当な力を加えなければ壊れないか程度でも十分です。破壊後の接着剤の凝集破壊率の確認は非常に重要です。凝集破壊率が40％以上あることを確認しましょう。足りなければ、表面処理法を改良する必要があります。また、接着内部の接着欠陥、未硬化部、色むら、変色などの有無も確認します。

❹課題の抽出と対策

試作が終わったらデザインレビューを開催し、課題の抽出と対策・改善を行います。その後、作業手順書を作成します。できるだけ図や写真などを入れてビジュアル化しましょう。写真ではわかりにくい接着剤の配合比や混合程度は、実際の接着剤を硬化した色見本を作ります。作業手順書には、最適条件と許容範囲、禁止事項を明記します。作業者の教育・訓練では、なぜ最適値と許容範囲が設定されているかの理由も説明しておきましょう。

表 2-7-2 試作時の確認ポイント（接着作業時）

項目	確認ポイント
全工程	温度・湿度
	作業時間
洗浄・表面処理	処理のしやすさ
	処理の効果
	処理後の安定性
キッティング	不足部品のチェック
接着剤の準備	扱いやすさ
	配合比
接着剤の塗布	塗布量
	塗布位置
	塗布のパターン
貼り合わせ・位置合わせ	作業のやりやすさ
	はみ出しの有無
加圧・固定	作業のやりやすさ
	治具の適性
	はみ出しの有無
硬化	作業場の温度・湿度
	加熱炉の温度
	炉内での接着部の昇温速度・時間

表 2-7-3 試作時の確認ポイント（接着作業終了後）

項目	確認ポイント
外観	接着部の外観検査のしやすさ（見えやすさ）
はみ出し部の状況	硬化接着剤の硬さ・色・色むら・泡・クラック
精度	寸法精度、歪み、接着層の厚さ・傾き
機能評価	要求仕様を満足しているか
破壊検査	破壊状態（凝集破壊率）
	接着剤の色むら、未硬化部の有無
	接着欠陥の有無

> **要点ノート**
>
> 接着作業の途中で部品の不備が見つかったらどうしようもありません。接着前の準備段階は重要です。接着作業時は、許容範囲内の作業ができているかを工程ごとに確認し記録します。試作後、課題の抽出、対策、改善を行います。

コラム

● 接着技術を製品組立に用いる技術者の育成 ●

　これまでの日本での接着教育は、界面化学や高分子化学など化学偏重でシーズ目線であったと言っても過言ではないでしょう。接着を製品組立に「使う」ためには、実用化のための課題を解決する技術開発と教育が必要で、力学や加工・生産技術、品質などのニーズ面からの取組みが必要です。

　広範な機器製造産業での接着接合の適用拡大に伴い、接着に要求される機能・特性は高度化し、信頼性や品質への要求は厳しくなっています。しかし、接着に詳しい技術者を擁している機器製造企業は少ないため、接着に関する品質不具合は増加しています。このような背景から、社内で接着設計・接着管理技術の中核となる技術者を育成するために、2017年から4日間の「接着適用技術者養成講座[*)]」が開講されています。シーズ側技術者にとってもニーズ側が何を必要としているかを学べ、シーズとニーズのマッチングにも効果的です。

　社内には接着の技術者が少なく、十分なディスカッションができないと感じている技術者も多いでしょう。会社の外に出て、大いに議論しましょう。ユーザー技術者には、「構造接着研究会[**)]」がお勧めです。この研究会では、構造接着に限らず、精密接着の技術課題に取り組むために「精密接着WG[***)]」が2018年4月から活動しています。このような活動に企業として参画することは、技術者の育成強化に効果的です。

参照URL

*) https://www.struct-adhesion.org/trainingcourse/
**) https://www.struct-adhesion.org/
***) https://www.struct-adhesion.org/precision/

【 第**3**章 】

実務作業・加工のポイント

〈1〉接着作業の注意点

2液型接着剤の手混合の仕方①
計量の仕方

❶接着作業工程でのやるべきこと、やってはならないこと

　ここからは、実際の接着組立作業の話に入ります。接着作業工程では、接着設計の段階で決められた工程ごとの最適条件と許容範囲（図面の公差のようなもの）を厳守した作業を行わなければなりません。製造側の都合で、勝手に条件（公差）を変更することは厳禁です。また、材料や設備、器具などが常に正常な状態を保てるように管理することも重要です。トラブル時の対応方法を、訓練を行って、作業者各自が身につけておくことも必要です。

　実際の接着作業においては、接着設計の段階で規定できていない細かな点が多々あり、最適な作業方法・条件を製造側で決めなければならないことも多くあります。以下に、これらの点について述べていきます。

❷2液型接着剤の手混合の仕方

　これは、作業者任せになっていることが多々ありますが、ここがうまく行かなければ品質は確保できません。まず計量・混合に用いる容器は、**図3-1-1**に示すように、底周辺部に丸みがないプリンカップのような形のものを準備しましょう。撹拌棒は、プリンカップの角部も混合できるように先が丸くなく、角があるものが適当です。筆者は、**図3-1-2**に示すようなばらばらの丸竹箸（つながった割り箸は不可）をよく使います。

❸計量の仕方

　プリンカップを天秤に乗せて、**図3-1-3**に示すように先に量が多い液を計量し、量が少ない液を後から、先に計量した液の中央部に滴下して計量します。

　使用量がわずかの場合でも、エポキシ系接着剤など配合比の影響が大きな接着剤の場合は、量が少ない液の5％の重量が0.1g（すなわち量が少ない液は2g）以上となる量で計量します。例えば、重量比で主剤と硬化剤の配合比が10：1の場合は、最少量でも主剤を20g、硬化剤を2g±0.1gで計量します。これ以上少ないと、天秤の目盛りを見ながら滴下量を調整するのが困難になるためです。なお、2液の比重が同じとは限らないので、計量の前に最適値が重量比、体積比のどちらで規定されているかを確認し、体積比の場合は比重を掛けて重量換算しておきます。

第3章 実務作業・加工のポイント

図 3-1-1 | カップの断面図

不適

適

プリンカップ

図 3-1-2 | 丸竹箸

図 3-1-3 | 2液型接着剤の滴下の順番と位置

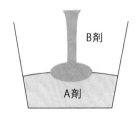

要点 ノート

接着作業工程では、接着設計の段階で決められた工程ごとの最適条件と許容範囲（図面の公差のようなもの）を厳守した作業を行ない、製造側の都合で、勝手に条件を変更することは厳禁です。2液の計量方法も規定しましょう。

《1》接着作業の注意点

2液型接着剤の手混合の仕方②
混合、脱泡、シリンジ詰め替え

❶撹拌混合の仕方

まず、図3-1-4①に示すようにカップの径方向に撹拌します。ちょうど生卵を箸でかき混ぜるときのような感じです。この際、容器を少しずつ回転させながら撹拌するとよいでしょう。次に、②のように円周方向に撹拌します。壁面に付着している接着剤は混合されにくいので、ときどき③のように、撹拌棒で壁面についている接着剤をこすり落とすようにして撹拌します。②と③を繰り返せば混合完了です。

❷手混合してはならない接着剤

2液型ウレタン系接着剤は、混合時に巻き込んだ空気中の水分で発泡を起こすので、手作業による混合をしてはいけません。室温で短時間に反応硬化する2液型SGAや2液型エポキシ系接着剤などは、容器での混合は避けなければなりません。量が多いほど混合中の反応熱で発熱し、短時間で硬化してしまうためです。高温になって煙が出ることもあるので注意しましょう。

❸脱泡

手混合を行うと空気を巻き込むため、混合後に脱泡が必要です。混合容器ご

| 図 3-1-4 | 2液型接着剤の手混合の方法 |

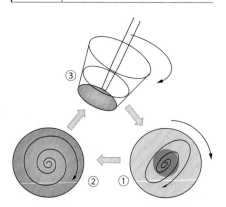

| 図 3-1-5 | 真空脱泡装置の一例 |

出所:「SNH-VS型」、㈱サンプラテック
〈https://www.sanplatec.co.jp/product_pages.asp?arg_product_id=SAN0396〉

と減圧容器に入れて脱泡する方法がありますが、粘度の高い接着剤は気泡が膨らんで体積が増えるだけで、泡がはじけず脱泡ができないことがあるため、撹拌しながら泡をはじく必要があります。図3-1-5に示すような、減圧しながら撹拌する器具も販売されています。

　なお、減圧脱泡では、脱泡し過ぎると接着剤の成分まで揮散することがあるため、やり過ぎは避けましょう。最近は自転・公転式の混合・脱泡装置もよく使われていますが、回転時間が長くなると接着剤の温度が上がり、硬化が進行してしまうことがあるので、やはりやり過ぎに注意しましょう。

❹シリンジへの充填作業

　混合した接着剤をシリンジに移し替えるときは、図1-3-6に示すようにシリンジを斜めにして、気泡を巻き込まないように充填します。チューブ入りの接着剤をシリンジに充填するときは、図1-3-7に示すようにシリンジを立ててチューブをシリンジの端部に押しつけ、空気を追い出しながら入れていきます。

❺ポリ袋での混合

　混合時に気泡を巻き込まない方法として、ポリ袋に2液を入れて、空気を抜いてチャックやヒートシールして、袋をこねる方法もあります。

図3-1-6　接着剤のシリンジへの移し方

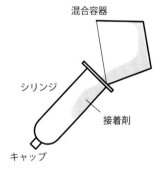

図3-1-7　チューブやカートリッジ入り接着剤のシリンジへの移し方

> **要点 ノート**
>
> 2液型接着剤の手混合では、量の多い液を先に、少ない液を後から入れ、生卵をかき混ぜるように混合します。手混合が不適な接着剤もあります。脱泡はやり過ぎてはいけません。シリンジへの詰め替えは空気の巻き込みに注意。

1 接着作業の注意点

プライマーは塗り過ぎてはいけない

❶プライマー、カップリング剤、アクチベーター

接着界面での結合を強化するために、プライマーやカップリング剤と呼ばれる液体を、接着する前に接着面に塗布することがあります。また、嫌気性接着剤で不活性材料を接着する場合や、硬化を促進するためにアクチベーターと呼ばれる活性剤を塗布することがあります。これらは、密着性や反応性を向上するための成分が、溶剤に溶解された低粘度の液です。プライマーやカップリング剤は、分子中に、被着材表面と結合しやすい基（手）と接着剤と結合しやすい基（手）を持った分子です。アクチベーターは、硬化促進の触媒です。

❷プライマー類は塗り過ぎてはいけない

図3-1-8は、プライマーの塗布量と接着強度、破壊状態の関係の模式図です。プライマーを少量塗布すると、接着強度や破壊状態が良好になりますが、塗布量を多くすると接着強度は低下し、破壊状態も界面破壊となり、プライマーを塗布しない場合より悪くなっています。

プライマーやカップリング剤は、❶で述べたように、分子中に被着材表面と結合しやすい基（手）と接着剤と結合しやすい基（手）を持っていますが、分

図 3-1-8 プライマーの塗布量と接着強度、破壊状態の関係の模式図

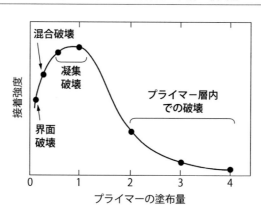

子同士が結合する手は持っていません。そのため、図3-1-9(A)のように、単分子層であれば被着材と接着剤はプライマーで結合しますが、塗布量が多くてプライマーの分子が(B)のように重なり合うと、プライマーの分子間での結合は弱くなるためです。

❸プライマー類を薄く塗布する方法

では、プライマー類をごく少量塗布するにはどうすればよいでしょうか。特殊な塗布装置を用いると、作業は繁雑になります。また、塗布されたかどうかの判定にも苦労します。簡単に微量の成分を塗布するためには、通常使用しているプライマー類を溶剤で10倍から30倍程度に希釈し、これまでと同様の方法で同様の量を塗布します。溶剤が乾燥すれば、プライマーの成分はこれまでの1/10〜1/30しか表面には残りません。簡単ですが、大きな効果が得られます。

❹粗面では付着量が多くなる

ブラストした表面では凹凸ができているため、低粘度のプライマー類は染み込みやすく、凹部に溜まります。溶剤が乾燥すると凹部の底付近ではプライマーの成分が多くなり、接着性が低下します。ここでも希釈が重要です。

図 3-1-9 | プライマーを塗り過ぎるとプライマー間の結合が弱い

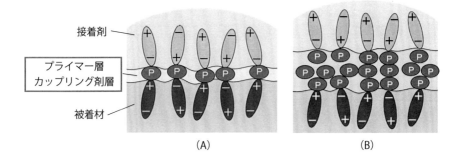

要点 ノート

プライマー類は、塗り過ぎてはいけません。通常使用しているプライマー類を溶剤で10倍から30倍程度に希釈し、これまでと同様の方法で同様の量を塗布すれば、プライマーの成分はこれまでの1/10〜1/30しか表面には残りません。

【1】接着作業の注意点

気泡を入れない接着剤の塗布・貼り合わせ方法

❶接着剤を薄く広げて塗布しない

　部品に接着剤を塗布した後に、へらなどで接着剤を接着面全面に薄く延ばしている作業をよく見ます。図3-1-10(A)に示すように、薄く広げた接着剤の上に平面状の曲がりにくい部品を乗せると、接着部に気泡を巻き込みやすくなります。接着部に気泡を巻き込まないためには、接着剤を薄く広げず、(B)に示すように接着剤を接着部の中央付近に盛り上げて塗布し、相手部品を乗せて加圧しながら接着剤を接着面全面に押し広げていくことです。

❷気泡を入れない接着剤の塗布パターン

　貼り合わせ時に気泡を巻き込まないための接着剤の塗布方法として、図1-3-11に示すような塗布パターンが用いられています。正方形に近い接着面の場合は、(A)のような5点塗布や(B)のようなX字形塗布、長方形の場合は、(C)のようなY字形塗布などがあります。

　図1-3-12は、5点塗布における貼り合わせ時の接着剤の広がり方を示したものです。まず、(1)の塗布では、周辺の4点を先に塗布し、最後に中央部に5点目を多めに塗布します。中央を最後にして塗布量を増やすのは、接着剤の高さを他の4点より高くするためです。次に、(2)のように相手部品を真上から乗せます。このとき、中央に塗布した接着剤の頂点と最初に接触します。部品を押さえつけていくと、(3)のように中央の接着剤が広がりながら、周囲の4点の接着剤の頂点と接触します。この状態で部品を押しつけていくと、(4)の

図3-1-10　薄く広げて塗布しないこと

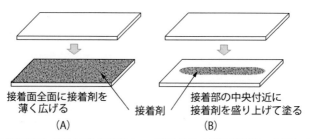

出所：「高信頼性接着の実務－事例と信頼性の考え方－」原賀康介著、日刊工業新聞社、(2013)、P.98-99

ように5点の接着剤は押し広げられ、5点が接触します。さらに、必要な塗布厚さになるまで部品を押しつけていくと、空気はすべて周囲に押し出されるため、(5)のように接着部には気泡が生じず接着できます。

❸はみ出しの制御も可能

図1-3-12のような塗布パターンで塗布量を制御すれば、接着剤のはみ出しをなくすことも可能になります。

❹たわみ性のある材料の広い面での貼り合わせ

たわみのある材料では、部材をたわませながら端から順に貼り合わせていけば、気泡の巻き込みを防げますが、櫛目ごてを用いて貼り合わせ方向に筋状に接着剤を塗布すれば、さらに容易に貼り合わせ作業ができます。

図 3-1-11 　気泡を巻き込まない接着剤の塗布パターンの例

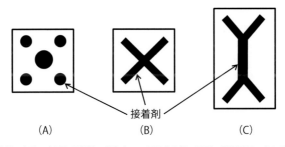

出所：「高信頼性接着の実務－事例と信頼性の考え方－」原賀康介著、日刊工業新聞社、(2013)、P.99

図 3-1-12 　塗布パターン(A)における接着剤の広がり方

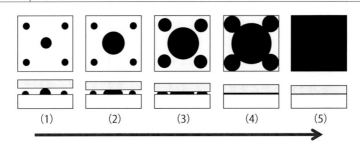

出所：「高信頼性接着の実務－事例と信頼性の考え方－」原賀康介著、日刊工業新聞社、(2013)、P.99

> **要点 ノート**
>
> 接着部に気泡を巻き込まないためには、接着剤を接着部全面に薄く広げず、接着部の中央に盛り上げて塗布しましょう。5点塗布、X字形塗布、Y字形塗布などもあり、塗布量を調整すればはみ出し防止にも効果的です。

1 接着作業の注意点

表面の凹凸を埋めて 欠陥部をなくす

❶表面の凹凸による欠陥

部品の表面は平滑に見えても、細かい複雑な凹凸があります。工業用に用いられる接着剤の多くは粘度が高いものが多く、接着剤を塗布して貼り合わせただけでは、接着剤を複雑な凹凸の内部まできれいに入れ込むことは容易ではありません。その結果、図3-1-13のように、凹凸の底部には空気だまりができて接着欠陥となり、接着の品質が低下します。

❷凹凸をきれいに埋める方法

凹凸の内部まで接着剤を入れ込むための基本は、接着剤を塗布するときに、力をかけて表面にこすりつけて押し込むことです。しかし、部品によってはなかなかできないことも多くあります。

簡単で効果的な方法として、接着剤をプライマーとして用いる方法があります。用いようとする接着剤を溶剤で薄めて、低粘度の液を作ります。これを、図3-1-14に示すように接着部に塗布して溶剤を乾燥させると、凹凸の底部に接着剤だけが残ります。凹凸の深さが浅くなったところで、通常通りに接着剤を塗布して貼り合わせます。簡単な方法ですが、接着強度が5割ほど向上したという例もあります。

接着剤の粘度を下げることによっても、凹凸の内部に入りやすくなります。

図 3-1-13 | 表面の凹凸部の底部における接着欠陥

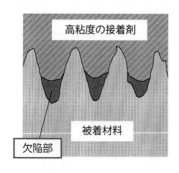

一般に、接着剤を加温すると粘度は下がりますが、塗布した接着剤より部品の熱容量が大きいため、部品に塗布すると接着剤の温度はすぐに下がり、粘度は上昇します。図3-1-15のように、部品を加熱しておいて室温の接着剤を塗布すれば、部品の熱が接着剤に伝わって接着剤の粘度が下がり、凹凸に流れ込みやすくなります。この他に、オートクレーブを用いる方法や真空含浸法もあります。しかし、オートクレーブは設備費用が高額で、サイクルタイムも長くなり、汎用部品の接着には不向きです。真空含浸法は比較的簡単ですが、部品の周囲にも接着剤が付着するため洗浄が必要です。

❸隅肉接着では特に注意

平面同士の接着では、加圧力によって接着剤は凹凸にいくぶん押し込まれますが、図1-4-29に示したような隅肉接着では、接着剤が接着面に押しつけられる力はほとんど働かないため、凹凸での欠陥が生じやすくなります。

図 3-1-14 接着剤をプライマーとして用いて凹凸を埋める方法

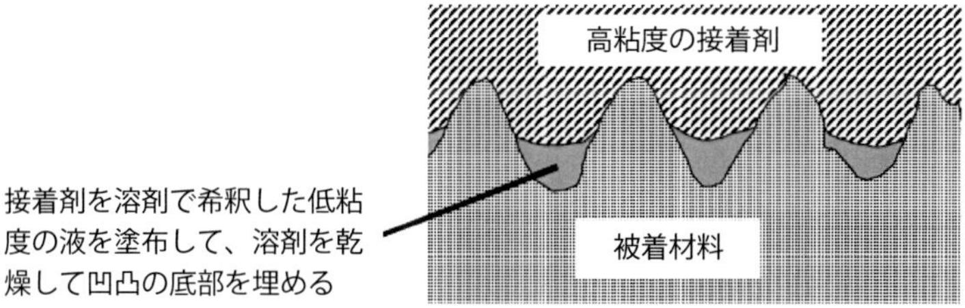

図 3-1-15 接着面付近を加温した部品に室温の接着剤を塗布して、凹凸に流入させる方法

(A)加温された部品　(B)室温の接着剤を塗布　(C)接着剤に熱が伝わり低粘度になって流入

要点 ノート

粘度の高い接着剤は、接着表面の微細な凹凸の内部まで流入せず、凹凸の底部に欠陥部が生じます。用いる接着剤を溶剤で薄めた液を塗布・乾燥させて、通常の塗布を行えば、欠陥を大幅に低減できます。

1 接着作業の注意点

加圧力の大きさと二度加圧

❶加圧の目的
貼り合わせ後に加圧固定を行いますが、その目的は接着剤層の厚さを所定の厚さまで薄くすることと、貼り合わせた部品の位置ずれの防止です。

❷接着層の厚さを一定にするための加圧力の設定
接着剤は粘性流体のため、狭い隙間に押し広げるためには大きな力を必要とします。図3-1-16(A)に示すように、一方の部品に接着剤を塗布してもう一方の部品を乗せて、(B)のように一定の加圧力Pを加えると、接着隙間が大きい間は、急激に接着剤が押しつぶされて接着層の厚さは薄くなります。しかし、(C)のようにある厚さまで薄くなると、狭い隙間では接着剤の流動抵抗が大きくなり、それ以上接着剤は押し広げられなくなります。接着剤の粘性と塗布量、広げる広さの関係から最適な加圧力を決めることが必要となります。接着剤の粘性は、接着剤のロットや作業環境や部品の温度によって変化するため、これらの管理は重要になります。

❸変形のある部品の加圧力は、部品を変形させない範囲まで
図3-1-17は、平面パネルに反りのあるハット形補強材を接着する例です。反りが強制されるほど高い加圧力で接着すると、接着層の厚さは薄く一定になり、その状態で硬化します。しかし、硬化後に加圧を解除すると、補強材には元の形に戻ろうとするスプリングバック力が働きます。接着強度が高ければはく離は生じませんが、接着後に焼付け塗装などで高温になる場合には、接着剤が柔らかくなってはく離を起こすことがあります。スプリングバック力はクリー

図 3-1-16 加圧力による接着剤の広がり方

(A)接着剤を塗布

(B)接着剤が押し広げられる

(C)接着層が薄くなると広がりが停止する

プ力として接着層に引張りの力を継続して加えているので、クリープ劣化を起こしやすくなります。両面テープや柔らかい接着剤では特に注意しましょう。

部品に変形があり接着層が厚くなる部分がある場合には、隙間は接着剤で埋めることとし、加圧力は部品を変形させない範囲までにしなければなりません。

❹二度加圧は厳禁

図3-1-18(A)に示すように、部品の貼り合わせ時に一度仮加圧して、加圧を外した後に再度本加圧を行うことはよく行われています。仮加圧でいったん薄くなった接着層が、仮加圧を解除すると部品のスプリングバックで接着層が再び厚くなりますが、このとき、押し広げられた接着剤が元の形に戻ることはなく、接着部の周囲から空気を引き込み、(B)のように、接着層に欠陥部が生じます。欠陥部に塗装の薬液や使用中に水が染み込むと、劣化を加速することになります。

図 3-1-17 | 加圧力は部品を変形させない範囲まで

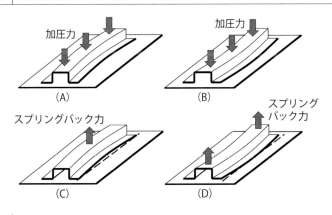

図 3-1-18 | 二度加圧による接着欠陥の発生

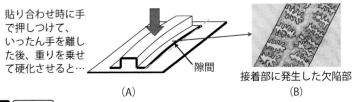

> **要点 ノート**
> 加圧力は部品を変形させない範囲に留めましょう。部品を変形させる程の力で加圧すると、部品のスプリングバック力がクリープ力として作用します。二度加圧は空気を引き込み欠陥を作るので避けなければなりません。

1 接着作業の注意点

治具での圧縮が困難な部品の対策

❶突起のある部品の加圧・固定

　接着される部品の加圧面は平面とは限りません。**図3-1-19**は、(A)のように平面状の板①に、長さが異なる複数のスタッドボルトが立てられた部品②を接着するものです。常にボルトの位置や長さが決まっている量産品では専用の加圧治具で対応できますが、ボルトの位置や長さ、本数がまちまちの多品種少量生産では専用の加圧治具の使用は困難です。

　(B)は、ハニカムパネルに用いられるハニカムのコアです。ハニカムコアは、厚さ方向には高い強度を有していますが、長さ方向や幅方向には容易に変形します。切断も簡単です。また、ハニカムを折りたたんだ状態で切断した後に展伸するので、厚さのばらつきは寡少です。このハニカムコアを接着部の寸法に合わせて切断して、スタッドボルトがハニカムの穴に入るように調整して(C)のように用いると、容易に加圧・固定ができます。

❷パイプの接合

　パイプ同士を差し込んで接着・シールする場合は、挿入後硬化するまでの固

図3-1-19 突起のある部品の接着におけるハニカムコア加圧法

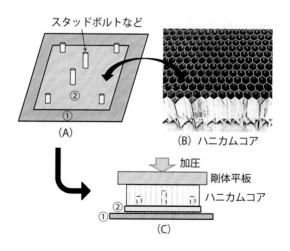

定法が問題となります。図3-1-20は、熱交換器におけるパイプ同士の差し込み接着の例です。ここでは、接着剤を塗布して挿入した後にバンドかしめを3列行っています。バンドかしめを行うことで、位置ずれ防止とセンター出し（接着層厚さの均一性確保）ができるだけでなく、差し込み時に接着剤の掻き取りでできたリークパスを、かしめ時の接着剤の再流動によってなくす重要な働きもしています。治具とは異なり、接着剤硬化後に取り外す手間も省けます。

❸複合接着接合法の活用

　加熱硬化型接着剤でプレス成形された金属部品同士を接着し、焼付け塗装を行うような場合は一般に、塗料焼付け時に接着剤も同時に硬化されます。このような場合に、硬化まで接着部を治具で圧締していると、圧締部は塗装ができなくなります。前工程で接着剤だけを硬化しておくのは、無駄な工程となります。このような場合は圧締治具は用いず、22ページで述べた複合接着接合法を用います。複合接着接合法では、接着層に隙間ができているような部品でも強制的に押しつけて接着しますが、併用した接合により部品のスプリングバックの影響は解消されるという利点も得られます。

図 3-1-20 ｜ パイプの接着における、加圧・固定の例（熱交換器における接着・シール構造の一例）

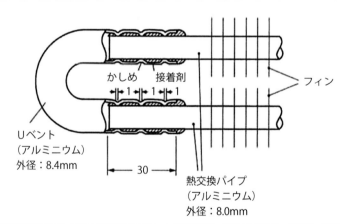

出所：「高信頼性接着の実務－事例と信頼性の考え方－」原賀康介著、日刊工業新聞社、(2013)、P.64

要点 ノート
多品種少量生産品で加圧面に突起があるような部品では、ハニカムコアを用いる加圧法が便利です。薄肉パイプの接合でのバンドかしめは、固定とリークパスの解消に効果的です。複合接着接合法も活用しましょう。

1 接着作業の注意点

硬化における注意点

❶加熱硬化はゆっくり昇温、ゆっくり冷却

　図3-1-21は、2液室温硬化型エポキシ系接着剤でガラスプリズムの底面をアルミベースに接着した時の、硬化温度・時間とガラスプリズム反射面の歪みの大きさを示したものです。この結果から、温度を上げて短時間で硬化すると部品の歪みが大きくなることがわかります。硬化温度がさらに高くなると、歪みはさらに増加します。これは、温度を上げて短時間で硬化させると、接着部の内部応力が増加して部品に変形を及ぼすためです。高温での短時間硬化は生産性の向上にはつながりますが、接着品質を低下させるので注意が必要です。

　ガラスやセラミックス、磁石などの割れやすいものを金属などに加熱硬化で接着すると、冷却後に部品が割れていることが多々あります。応力緩和を利用して内部応力を低減するために、加熱硬化では、できるだけ温度を下げて、昇温速度と冷却速度を落としてゆっくりと硬化させましょう。

　急速な昇温や冷却を行うと、接着される部品の内部に温度むらが生じて部品が変形し、接着部に欠陥やはく離が生じることもあります。

図3-1-21　エポキシ系接着剤の硬化温度・時間とガラスプリズム反射面の歪みの大きさ

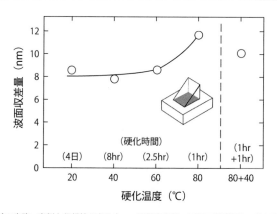

出所：「高信頼性接着の実務－事例と信頼性の考え方－」原賀康介著、日刊工業新聞社、(2013)、P.169-173

❷光硬化も時間をかけて

室温で短時間に硬化できる光硬化は便利ですが、強い光で短時間に硬化すると硬化収縮応力が大きくなり、部品を変形させたり接着特性を低下させたりします。光の照射強度を下げて、ゆっくり硬化させるようにしましょう。

❸硬化炉の温度ではなく接着部の温度で管理

加熱硬化を行うときには硬化炉の空気温を測定しますが、空気温が同じでも、朝の立ち上げ時とオーブンが壁面まで十分に過熱された状態では、硬化炉の熱量は異なるため、接着部品の昇温速度は異なります。空気温ではなく、接着部に熱電対を入れたダミー部品を作っておき、硬化炉に投入して接着部の温度変化のデータを取る必要があります。

❹加熱炉は循環式を用いる

加熱炉には、ファンがついた循環式オーブンとファンがない対流式オーブンがあります。対流式オーブンは、部品の昇温速度が遅く、炉内の温度むらも大きいため、部品の置き場所によって温度に差が生じやすくなります。ファン付の循環式オーブンを用いるようにしましょう。

❺湿気硬化型接着剤の湿度の影響

表3-1-1は、1液湿気硬化型シリコーン系接着剤の、20℃における相対湿度と接着剤の硬化厚さの関係を示しています。温度が同じでも相対湿度が低い場合は、硬化に時間がかかることがわかります。湿気硬化型のシリコーン系、変成シリコーン系、ウレタン系や被着材表面に吸着している水分で硬化する瞬間接着剤などを用いる場合は、接着作業場の温度だけでなく湿度管理も重要です。

表 3-1-1 | 1液湿気硬化型シリコーン系接着剤の相対湿度と硬化厚さの関係の例

環境温湿度	4日後の硬化厚さ (mm)	
	アセトンタイプ	オキシムタイプ
20℃ 25% RH		3.5
20℃ 50% RH		5.5
20℃ 60% RH	4.3	
20℃ 75% RH		6.3
20℃ 80% RH	6.2	
20℃ 95% RH	7.0	8.0

> **要点 ノート**
>
> 急速な短時間硬化は内部応力を増大させます。硬化はできるだけゆっくりと行いましょう。加熱時の温度は、熱電対を挿入したダミー部品で接着部の温度を測定します。湿気硬化型接着剤では湿度管理は非常に重要です。

❰2❱ 接着作業は特殊工程の作業

特殊工程の作業と管理

❶特殊工程の作業

「接着」は、特殊工程に区分されている技術です。特殊工程の定義と特殊工程の技術の例を、**表3-2-1**に示しました。要するに、最終工程の検査では、性能・品質の良否を判断できないため、不良品を排除できない技術、工程、作業ということです。

❷接着が特殊工程とされている理由

表3-2-2に、接着作業が終了した後に確認できない事項を列挙しました。すでに述べてきたように、接着の性能に影響を及ぼすが、どの程度の影響が及んでいるかを完成後に評価できない影響因子は、この表に記載した項目以外にも多くあります。「接着」が特殊工程の技術、作業であることはご理解いただけるでしょう。

❸特殊工程で品質を確保するには

特殊工程の作業で品質を確保するためには、作業工程ごとに規定された許容範囲の条件内（公差内）で、作業を行うことに尽きます。作業者が、「この程度は大丈夫だろう」と規定された許容条件外の作業を行うと、後工程で不適切さを見つけることは困難になり、品質の悪いものができることになります。

❹品質を担保する記録

最終工程で性能・品質の検査ができないとなれば、作業工程ごとに規定された許容条件内の作業がなされたことを、担保していくしかありません。そのた

表 3-2-1 「特殊工程」の定義と例

定義	その作業結果が、後工程で実施される検査および試験によって、要求された品質基準を満たしているかどうかを十分に検証することができない工程
特殊工程の例	塗装、めっき、接着、圧着、圧接、溶接・ろう付け、はんだ付け、熱処理、アニール（焼鈍）、シンタリング（焼結）、鋳造・鍛造、など

めには、工程ごとの作業記録が重要になります。最終の検査工程では、作業ごとの記録をチェックし、すべての作業が許容条件の範囲内で行われたかどうかを確認します。出荷した製品が、フィールドで不良となった場合の原因究明にも、工程ごとの記録がきわめて重要です。

作業記録は、作業者の手書きでは効率が悪く、記録の信頼性も問題となるため、検査・計測機器を用いて自動記録することが必要です。工程記録には、時刻も同時に記録しなければなりません。時刻の記録により、不適切作業が見つかった海外の工場の例を紹介します。接着剤の塗布後、天秤に乗せて重量と計測時刻を自動記録していました。しかし、最終工程の記録検査で、夜勤時に実際のタクトタイムよりかなり短い間隔でデータが記録されていることがわかりました。毎回計測する手間を省いて、まとめ計測していたのです。時刻の記録がなければ、合格品として流出していたでしょう。

表 3-2-2　接着で完成後に確認できない事項

分類	内容
全体	◆完成後に、非破壊で強度を評価することができない
前処理	◆完成後では、接着面が適切に処理されて、規定の接着性を有する状態であったかが確認できない
前処理	◆完成後では、プライマーの塗布量が確認できない
前処理	◆完成後では、接着面の処理やプライマー塗布後の放置時間や放置環境の影響を確認できない
接着剤	◆完成後では、接着剤が適切に計量・混合・脱泡されたかどうか確認できない
接着剤	◆完成後では、接着剤の混合開始から貼り合わせ・加圧終了までに要した時間の影響を確認できない
接着剤	◆完成後では、接着剤が適切に硬化しているかどうか確認できない
加圧・固定	◆完成後では、加圧が適性になされたかどうか確認できない
加圧・固定	◆完成後では、部品にスプリングバック力が発生しているかどうか確認できない
作業環境	◆完成後では、作業時の温度・湿度が適切であったかどうかの確認ができない

要点 ノート

接着は最終の検査工程で良否の判定ができない特殊工程の作業です。品質を確保するためには、作業工程ごとに規定された許容範囲の条件（公差）内で作業されたことを、記録に残すことが重要です。時刻の記録も重要です。

2 接着作業は特殊工程の作業

生産開始までに行うこと

❶生産移行のための会議
　表3-2-3には、生産開始までに行うことをまとめました。まず、開発が終了したら、生産段階に移行するために設計、生産技術、品質などの関係者が全員参加し、生産移行会議を開催します。ここでは、接着設計で作り込まれた工程、条件で、要求仕様を満足できることを確認します。確認ができたら、工程ごとの細かい作業手順を具体的に決め、用具、治工具、設備の準備に入ります。併せて、作業環境の整備も行います。

❷工程管理表、作業要領書の作成
　まず、工程管理表を作成します。工程を決めて、工程ごとの要求仕様、作業のチェック項目、チェック方法、合否基準をまとめます。

　次に、作業要領書を作成します。最適条件と許容範囲を明確に記載し、できるだけわかりやすくビジュアルに作成しましょう。曖昧さをなくして、作業者に頼らない、作業者を困らせない書き方にすることが重要です。「綿棒が汚れたら交換する」「接着剤を適量塗布する」「接着剤の粘度が上昇してきたら」などの曖昧な表現を避けて、「綿棒は5個ごとに交換する」「接着剤を1g塗布する」「接着剤の混合開始から10分が経過したら」などと記述しましょう。

　作業要領書には最適条件と許容範囲を明確に記載しますが、数値で示すだけではわかりにくので、例えば2液型接着剤の配合比や混合度合いの表示では、最適条件、上限値、下限値を色や図・写真などでビジュアル化して掲載します。図3-2-1は、2液型SGAの配合比別の色見本による許容範囲の指示例です。

❸トラブル時の対処方法を決める
　発生する恐れがあるトラブルのパターンを考えられる限り掘り出し、それぞれについて対処方法を決めます。想定外のことまで想定しておきましょう。

❹現場責任者の教育
　接着設計段階で決められたプロセス、最適条件・許容範囲がなぜ指定されている理由を十分に理解し、トラブル時の対処方法まで繰り返し訓練します。

❺作業者の教育・訓練
　指定された作業方法が必要な理由を理解させることは重要です。絶対にやっ

てはならないこと、安全、衛生面での教育もしっかりと行ってください。特に重要な工程では、有資格者作業とし、認定試験を行います。

表 3-2-3 生産開始までに行うこと

項　　目	内　　容
生産移行のための会議	・接着設計で作り込まれた工程、条件で、要求仕様を満足できることを確認する
作業手順を決める	・工程ごとの細かい作業手順を具体的に決める
用具、治工具、設備の準備	・材料、用具、治工具、設備、保護具、作業場所と配置、廃棄物関連具、工場エアーの水油セパレーターの設置などの準備
作業環境の整備	・温度・湿度、換気設備の整備
工程管理表の作成	・工程ごとのチェック項目、方法、合否規格をまとめる
作業要領書の作成	・最適条件と許容範囲（公差）を明確に記載する ・できるだけビジュアルに作成する ・作業者に頼らない、作業者を困らせない書き方にする
トラブル時の対処方法の決定	・発生する可能性のあるトラブルを掘り出し、トラブル時の対処法を具体的に決める
現場責任者の教育・訓練	・接着設計段階で決められたプロセス、最適条件・許容範囲がなぜ指定されているかの理由を理解させること ・工程管理表、作業要領書の内容をマスターさせる ・トラブル時の対処方法を繰り返し訓練する
作業者の教育・訓練	・指定された作業方法が必要な理由を理解させる ・最適条件と許容範囲を守ることの重要性を認識させる ・許容範囲を超えた場合には、性能がどうなるのだということを説明して理解してもらう ・禁止事項を教える ・安全、衛生面での教育を行う ・特に重要な工程は有資格者作業とし、認定試験を行う

図 3-2-1 配合比別色見本による適性範囲の可視化の例

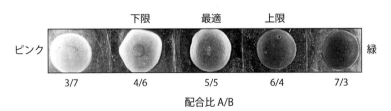

配合比 A/B

要点 ノート

作業要領書には、最適条件と許容範囲（公差）を明確に記載し、わかりやすくビジュアルに作成しましょう。曖昧さをなくして作業者に頼らない、作業者を困らせない書き方にすることが重要です。

【3】生産開始後の管理

作業環境、設備・治工具の管理

❶生産開始後の管理

　生産が開始されたら、開発段階の接着設計・接着管理で決定された最適条件を目標に、許容範囲（公差）内での作業を淡々と行えばよいように思いますが、接着される部品や、接着に用いるプライマー、接着剤、作業環境、設備、治工具の状態などは時々刻々と変化しており、管理を怠ることは許されません。

❷作業環境の管理

　接着剤は、温度が低ければ硬化に時間がかかり、温度が高ければ硬化が早くなるため、作業場の温度管理が重要なことはよく知られています。しかし、湿度の管理も忘れてはなりません。瞬間接着剤、1液湿気硬化型の変成シリコーン系接着剤、シリコーン系接着剤、ウレタン系接着剤などは、湿度が低いと硬化に時間がかかります。また、2液型のウレタン系接着剤は、湿度が高いと発泡しやすくなります。図3-3-1は、海外のある工場内の温度と湿度の測定例です。温度の変化は、季節や昼夜の変化でほぼ予測できますが、一日の中でも湿

図 3-3-1　接着作業場の温度・湿度の測定例

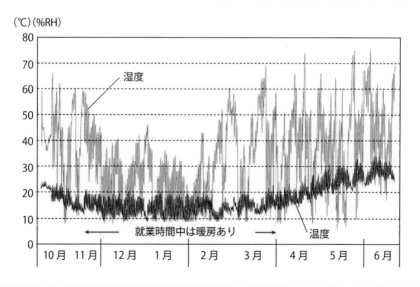

度が大きく変わっていることがわかります。これでは、水分の影響を受ける接着剤での安定した接着は困難と言えます。

　湿度は接着剤の硬化だけでなく、短波長紫外線や大気圧プラズマ処理などの表面改質後の接着性にも大きな影響を及ぼします。工場の始動時には安定した温度湿度になるように、始業の数時間前には空調を稼働させ、データロガーで温度・湿度を30分くらいの間隔で、自動記録させるようにしましょう。記録された結果を調整に反映させることも忘れてはなりません。

❸設備・治工具の管理

　接着剤の計量・混合・塗布装置は、長期間使用していると接着剤の経路内にゲル化物や充填剤が付着したり、沈殿したりして管内抵抗が大きくなってきます。定圧圧送の場合は流量が低下し、流量制御されている場合は管内の圧力が高まり、継目からの漏れや配管の破損につながります。パッキンも接着剤で膨潤して切れやすくなるため、定期的な分解掃除や交換が必要です。圧縮空気を用いる場合は、水、油セパレーターの管理も大切です。接着の圧締治具や位置合わせ治具に接着剤の硬化物が付着していては、図3-3-2に示すように適切な作業ができなくなります。自動化で人手が入らない場合は、気がつくのが遅れることがあるので、付着しない対策や検知機器の設置が必要です。

図 3-3-2 治具に付着硬化した接着剤による接着不良の例

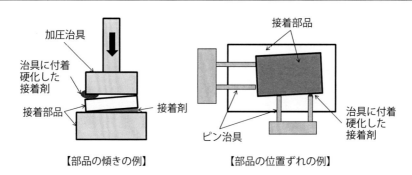

【部品の傾きの例】　　【部品の位置ずれの例】

> **要点 ノート**
>
> 接着作業に着手する前に、作業場の温度・湿度の確認と調整、設備や治工具の確認と整備を怠ってはなりません。温度・湿度は一定時間ごとにデータロガーに記録しておきましょう。圧締治具の圧力管理も忘れずに行いましょう。

【3】生産開始後の管理

部品、接着前処理の管理

❶部品管理のポイント

　部品を接着工程に流す前に、必ず材質が間違っていないかを再度確認しましょう（表3-3-1）。次に部品の外観・寸法検査を行いますが、接着に影響するバリや局部変形などは、接着層の厚さに影響するため慎重に確認します。

❷精度向上のための部品寸法のランク分け

　接着層の厚さは、内部応力や精度に大きく影響するため、接着層厚さの管理は重要です。表3-3-2は、軸と穴の接着において、クリアランス（接着層の厚さ）を0.05〜0.15mmに納めるために、部品の加工精度を上げずに、寸法でランク分けして組み合わせる例です。必要に応じて、このようなランク分けの作業を行います。

❸キッティング、組合せ具合の確認

　キッティング時に接着部品の合い具合もチェックします。

❹接着前処理

　前処理を行った時刻は、以後の経過時間の判定に非常に重要なので、必ず記録しておきます。

❺表面改質の管理

　短波長紫外線照射処理では、紫外線の照射強度を照度計で測定します。このとき、波長に合った照度計を使わなければなりません。低圧水銀ランプの場合は、紫外線の光量分布を測定する「UVスケール[15]（富士フイルム製）」、大気圧プラズマ処理の場合は、照射量によって色が変化する検査紙「プラズマインジケータ『PLAZMARK』[16]（サクラクレパス製）」を使用すると、検査結果を可視化できて便利です。

❺接着直前での濡れ性チェック

　接着剤を塗布する直前に、接着面の濡れ指数（表面張力）の検査を行います。36〜38mN/mの濡れ張力試験液を現場に準備しておき、微量（直径数mm程度）滴下し、液が広がれば合格です。始業前、午後の始まり、部品や前処理のロット変更時などに測定します。

表 3-3-1　部品、接着前処理の管理のポイント

項　目	管理のポイント	検査方法
部品の素材	・素材間違いは致命傷となる。外観ではわからないものが多い	・受入検査表で確認
加工後の部品	・梱包、輸送、保管の状況 ・外観検査（カエリ、バリ、反り、傷、局部変形など） ・寸法検査（寸法、平面度、厚さむら、表面粗さなど） ・スパッター、はみ出し物、処理液・処理剤の付着 ・防錆剤、保護フィルムや保護シートからの付着物（粘着剤の移行など） ・皮膜と素材の密着力	・チェックリストを用いる ・寸法測定結果は自動記録する ・密着力は抜取りで検査
寸法による区分	・接着層の厚さのばらつきを少なくするために、寸法で区分けする	・寸法測定
部品のキッティング	・接着する部品をキッティングする ・部品の合い具合を確認する	
接着前処理	・粗面化は規定された条件で行う。荒し過ぎは禁物 ・脱脂は規定された脱脂液、用具以外用いないこと。マイクロファイバークロスやマイクロファイバー綿棒は汚れを吸収しやすく効果的 ・プライマーは極力薄く塗布する。溶剤で希釈した液を用いるのがよい ・表面改質は規定された条件で行う。過処理は不適 ・低湿度時は、表面改質装置の周辺を加湿すること ・前処理後の部品は規定された時間内に接着を行う。規定を超えての保管は厳禁	・粗面化処理品は、抜取りで粗さ測定 ・表面改質装置の運転条件を記録 ・前処理終了時刻を自動記録する
接着面の濡れ性確認	・接着剤塗布前に接着表面の濡れ指数（表面張力）を測定 ・記録する（始業前、午後の開始時、ロット変化時など）	・濡れ試験は抜取りで実施。写真添付が望ましい

表 3-3-2　部品の寸法によるランク分け

クリアランスの最適値　0.10　　クリアランスの許容範囲　0.05〜0.15

ケース	ランク分け	軸外径寸法	穴内径寸法	クリアランス（両側）	最適値からの最大ズレ（両側）	合　否
ケース1	なし（高精度加工）	10 − 0.00 − 0.05	10 + 0.05 + 0.10	0.05〜0.15	0.05	合格
ケース2	なし（加工精度低減）	10 − 0.00 − 0.10	10 + 0.00 + 0.10	0.00〜0.20	0.10	不合格品発生
ケース2-1	ランク1 ランク2	10 − 0.00 − 0.05 10 − 0.05 − 0.10	10 + 0.05 + 0.10 10 + 0.00 + 0.05	0.05〜0.15 0.05〜0.15	0.05 0.05	合格 合格
ケース2-2	ランク1 ランク2 ランク3	10 − 0.00 − 0.03 10 − 0.03 − 0.07 10 − 0.07 − 0.10	10 + 0.06 + 0.10 10 + 0.03 + 0.06 10 + 0.00 + 0.03	0.06〜0.13 0.06〜0.13 0.07〜0.13	0.04 0.04 0.03	合格 合格 合格
ケース2-3	ランク1 ランク2 ランク3 ランク4 ランク5	10 − 0.00 − 0.02 10 − 0.02 − 0.04 10 − 0.04 − 0.06 10 − 0.06 − 0.08 10 − 0.08 − 0.10	10 + 0.08 + 0.10 10 + 0.06 + 0.08 10 + 0.04 + 0.06 10 + 0.02 + 0.04 10 + 0.00 + 0.02	0.08〜0.13 0.08〜0.12 0.08〜0.12 0.08〜0.12 0.08〜0.12	0.03 0.02 0.02 0.02 0.02	合格 合格 合格 合格 合格

> **要点 ノート**
>
> 部品の検査、ランク分け、キッティング、組合せの合い具合の管理は重要です。接着剤を塗布して貼り合わせ時に不具合が見つかっても後の祭りです。表面処理や表面改質が終了した時刻の記録は、後工程の時間管理の基準となります。

【3】生産開始後の管理

接着剤の管理

❶接着剤の受入
　接着剤メーカーや代理店から直接購入する場合は、出荷検査表の提出を義務づけて、受入時にデータを確認します。1液型エポキシ系接着剤など輸送中の温度に敏感なものでは、温度記録のデータロガーを同梱してもらい、高温に曝されていないかを確認します。使用量が少なく市中の店舗で購入する場合は、製造日を確認して、新しいものを購入しましょう。いったん開封すると使用期限が短くなるので、受入検査では開封しての確認は避けます。受け入れた接着剤は、全容器に未開封での保管期限と開封後の使用可能期間を明記します。

❷接着剤の保管
　接着剤によって保管上限温度が異なるので、接着剤に合った温度で保管します。図3-3-3は、ある接着剤の保管温度・期間による粘度変化の一例です。40℃では短時間でゲル化しています。水分に敏感な接着剤は、できるだけ低湿度で保管します。保管庫の温湿度をデータロガーに記録し、定期的に確認します。規定の温湿度を超えたら、アラームが鳴るようにしておきます。温湿度のデータロガーは、停電でも停止しないように電池式でなければなりません。

❸接着剤の取出しと開封
　冷蔵庫保管されている場合は室温に取り出して、接着剤全体が室温に戻るまで開封してはいけません。低温で開封すると、接着剤が結露を起こします。取り出した接着剤は、必ず保管期限を確認します。保管期間が過ぎているものは、廃棄するか検査を行って使用します。未開封の場合は、開封後の使用可能期日を記入します。いったん開封すると、保管期限内であっても使用可能期間は短くなります。特に、湿気硬化型接着剤や低温保管が必要な接着剤は要注意です。保管中に分離しやすいものは、開封前に容器ごと撹拌してください。なお、追跡ができるように接着剤のロット番号を記録しておきます。

❹使用後の接着剤の再保管
　使用が終わったら、すぐに容器の蓋を密閉します。接着剤が少なくなって容器の空間が多くなっている場合、再度の冷蔵庫保管は容器の壁が低温になり、容器中の暖かい空気が容器内壁で結露を起こすため、避けましょう。

表 3-3-3 接着剤の管理上のポイントと検査・記録項目

項目	管理のポイント	検査・記録
受入	・検査表の添付を義務づけ、データを確認する ・温度に敏感な接着剤は、輸送時に温度記録用データロガーを同梱すること ・開封はしないで、容器ごとに保管期限を記入する	・出荷検査表の確認 ・輸送中の温度履歴を確認 ・保管期限を記入
保管	・先入れ先出しが容易な置き方をする ・保管場所の温度・湿度をデータロガーで記録する。停電時の温度・湿度は重要なので、データロガーは電池式を用いる ・規定の温度を超えたらアラームを出す	・保管場所の温度を記録
取出し・開封	・保管期限、開封後の使用期限を確認する ・冷蔵庫に保管されている場合は、室温に取り出して、室温に戻ってから開封すること ・新品の場合は、開封後の保管期限を容器に記入する(湿気硬化型接着剤では使用期限を短くする) ・使用期限を過ぎた接着剤は廃棄するか、検査を行って使用する ・保管中に分離しやすいものは、開封前に容器ごと撹拌する	・保管期限、開封後の使用期限を確認 ・接着剤のロット番号を記録
使用後の保管	・容器の蓋を密閉する ・接着剤が少なくなって容器の空間が多くなっている場合は、冷蔵庫保管を避ける。容器中の空気が冷やされて結露する	

図 3-3-3 接着剤の保管温度と粘度の経時変化の一例

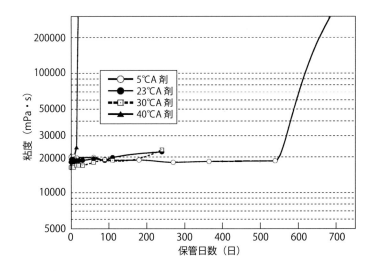

> **要点 ノート**
>
> 接着剤は生ものです。輸送中の環境や保管環境の管理は大切です。接着剤にも賞味期限があり、保管可能期限内であっても、いったん開封すると使用可能期間は短くなります。使用後の冷蔵庫での再保管の適否も状況で異なります。

【3】生産開始後の管理

接着作業の管理

❶作業環境の管理
　表3-3-4に、接着作業の管理上のポイントと検査・記録項目をまとめました。
　作業場の温度湿度は、接着にとって重要な管理項目です。温湿度を自動記録し、データロガーに自動記録します。

❷接着剤の使用
　2液室温硬化型接着剤は、混合開始時にタイマーをONにし、可使時間経過後アラームが出るようにセットします。湿気硬化、水分硬化、吸水性の高い接着剤は空気に触れる時間を極力短くし、圧縮空気を用いる場合は乾燥空気を使用します。脱泡時は、接着剤の温度の上昇や接着剤の成分が揮発しないよう管理します。用いた接着剤のロット番号と有効期限は、必ず検査表に記録します。バッチ混合の場合は、混合量と混合開始時刻も記録します。余った接着剤は、混合や硬化の確認や検査用に保管しておきます。

❸接着剤の塗布から加圧固定まで
　接着剤の塗布量は、電子天秤などで自動計測して自動記録し、計測した時刻も記録しておきます。加圧治具は、接着剤の付着などがないことを必ず確認します。加圧治具の当たり具合や加圧力の分布は、定期的に、圧力測定フィルム「プレスケール[17] (富士フイルム製)」などを用いて確認しておきます。

❹硬化過程
　加熱硬化を行う場合は、炉内の空気温が所定の温度になっていても、炉の壁面まで均一になっていないと開閉後の温度の戻り時間が変化します。早めに加熱しておかねばなりません。重要なのは炉内の空気温ではなく、貼り合わせた部品の接着部の温度です。熱電対を接着部にはさみ込んだダミーサンプルを製品と一緒に投入し、昇温カーブを記録しておきましょう。炉内や部品の最高温度を見るためには、図3-3-4に示す示温ラベル「サーモラベル[18] (日油技研工業製)」などが便利で、記録としても残せます。炉内の温度分布は、熱分布測定フィルム「サーモスケール[19] (富士フイルム製)」などで確認します。
　紫外線照射炉の照射強度の分布は、「UVラベル[20] (日油技研工業製)」や「UVスケール[21] (富士フイルム製)」などで確認します。

第3章 実務作業・加工のポイント

表 3-3-4　接着剤の管理上のポイントと検査・記録項目

項目	管理のポイント	検査・記録
接着剤の使用	・2液室温硬化型接着剤は、混合開始時にタイマーをONにし、可使時間経過後アラームが出るようにセットする ・湿気硬化、水分硬化、吸水性の高い接着剤（ウレタンのポリオールなど）は、空気に触れる時間を極力短くする ・圧縮空気は乾燥空気を使用する ・撹拌で空気を巻き込む場合は脱泡する。脱泡は接着剤の温度が上昇したり、接着剤の成分が揮発しない条件で行う ・空気加圧式塗布装置を用いる場合は、接着剤の液面に空気が直接触れないように、プランジャーやフィルムなどで遮断すること。長時間加圧空気に触れていると、空気が接着剤に溶け込み、塗布後に気泡が生じることがある。ウレタン系接着剤のイソシアネートやポリエーテルでは、発泡や吸水を起こす	・接着剤のロット番号を検査表に記録 ・バッチ混合の場合は、混合開始時刻を記録
接着剤の計量・混合	・1回の混合量は必要最小限の量に留める（混合量が多くなると発熱が大きくなり、可使時間が短くなる） ・配合比は規定された範囲を厳守する	・接着剤の混合量を記録 ・接着剤硬化物を保管しておく
接着剤の塗布	・塗布位置、塗布量は規定値を守る ・精密部品の隅肉接着では、塗布位置、塗布量の対称性を確認する	・塗布量の自動記録を行う
貼り合わせ・位置決め	・貼り合わせ時に空気を巻き込まないこと	
加圧	・加圧治具に、接着剤の付着がないことを確認する。あれば除去する ・部品に公差以上の変形があれば、排除する ・二度加圧は厳禁 ・接着剤混合開始から加圧終了までの作業は、可使時間内に終了すること。タイマーでアラームを出すこと	・加圧治具の汚れの有無を検査 ・部品の反りや変形の検査 ・接着剤の混合開始から加圧終了までの所要時間の記録 ・加圧力と加圧の均一性を、プレスケールで定期的に検査・記録する
硬化	・加熱硬化の場合は、硬化炉壁面まで暖まるよう早めに加熱しておく ・UV効果の場合は、UV照度を照度計で計測すること	・硬化炉の炉内温度を記録 ・熱電対入りのダミー接着部品で昇温・降温カーブを計測・記録 ・部品の接着面を予熱して接着する場合は表面温度を計測、記録 ・UV硬化では照度を計測、記録

図 3-3-4　サーモラベルの変色の例

出所：日油技研工業㈱〈http://nichigi.co.jp/products/samo.html〉

> **要点　ノート**
>
> 接着作業では接着剤の混合や塗布、貼り合わせ、位置合わせ、圧縮、硬化など多くのプロセスがあります。化学的な反応を伴う工程なので、決められた作業の仕方で規定された条件を厳守し、作業の記録を残すことが重要です。

【4 作業結果の確認と改善

作業結果の確認

❶完成した製品の工程記録表のチェック

　接着された製品の外観検査や部品の位置精度、接着剤のはみ出し量、はみ出し部の硬化状態などを最終工程で確認し、結果を記録します。

　作業が終わると検査工程に移りますが、接着は特殊工程の作業で、外観では接着性能の良否の判断ができないため、工程ごとに取られたデータを1枚のデータシートに出力し、所定の条件内（公差内）で作業が適切になされたかをチェックします。表3-4-1に、製品検査表の内容を示しました。

❷ダミーサンプルや抜取りでの評価

　製品では接着部の内部の状況の確認はできないため、製品の接着作業時に取り分けておいたダミー接着剤や、製品と並行して製作したダミーの接着サンプルで性能の確認を行います。表3-4-2に、ダミーサンプルでの検査の内容を示しました。抜取り検査でも同様です。

❸作業環境、設備、治工具の記録の検査

　個々の製品の検査表でのチェックやダミーサンプルでの検査のほかに、作業環境、設備、治工具関係の検査記録も出力し、所定の条件内に管理されていたかどうかをチェックします。表3-4-3に、作業環境、設備、治工具の検査表の内容を示しました。

❹初期流動管理

　生産立ち上げ直後から一定の期間は、初期流動管理期間として、検査を強化します。初期流動期間で安定して生産できていることが確認できたら、検査の頻度やダミーサンプル数、抜取り検査個数を減らして、定常管理に移行します。

❺工程内で不良が発生したときのチェックポイント

　工程内で不良が発生したときは、その工程だけで原因を見つけて改善するのではなく、起こっている現象を詳細に観察して、前工程や作業環境、部品や材料自体まで遡り、根本的な原因を見つけることが大切です。接着に影響する因子は非常に多いので、思わぬ因子が思わぬところに影響していることも多々あります。

第3章 実務作業・加工のポイント

表 3-4-1 製品検査表の内容

分類	記録項目
完成品	コード番号
部品 (接着する部品 の種類に合わせて 欄を追加する)	品名・品番
	ロット番号
	受入検査表番号
	使用期限
	個別認識番号
	寸法
	バリ、傷、局部変形など
	表面処理条件
	作業環境温度・湿度
	表面処理から貼り合わせまでの時間
プライマー	品名・品番
	ロット番号
	受入検査表番号
	未開封保管期限
	開封後使用期限
	塗布実施の確認
	作業環境温度・湿度
	塗布から貼り合わせまでの時間

分類	記録項目
接着剤	品名・品番
	ロット番号
	受入検査番号
	未開封保管期限
	開封後使用期限
	混合バッチ認識番号
	配合量(主剤、硬化剤)
	配合比
	作業環境温度・湿度
	塗布量
	混合開始から加圧開始までの時間
接着作業 接着品の状態	部品の裏表・方向
	貼り合わせの位置精度
	接着層の厚さ
	はみ出し量
	はみ出し接着剤の色、色むら、気泡
	はみ出し部の硬化状態
作業環境 加圧・固定 硬化条件	温度・湿度
	加圧治具への異物付着の有無
	加圧開始から加熱開始までの時間
	加熱炉の温度
	加熱開始から取出しまでの時間
	加圧時間

表 3-4-2 ダミーサンプルや抜取りでの検査の内容

項目	内容	検査するデータ
接着剤	硬化物の検査	硬化状態
		未硬化部の有無
		色、色むら
接着試験片	破壊面の検査	凝集破壊率
		未硬化部の有無
		欠陥部の有無
		色むら、変色
	強度	測定値
	ばらつき	変動係数

表 3-4-3 作業環境、設備、治工具の記録の検査

項目	内容	検査するデータ
作業環境	温度・湿度	データロガー記録結果
加圧治具	圧力の大きさ、分布	プレスケール測定結果
表面改質	短波長紫外線照射装置	紫外線照度計測定結果
		UVスケール測定結果
	プラズマ処理装置	プラズマインジケータ「PLAZMARK」測定結果
加熱硬化炉	昇温～冷却までの温度カーブ	熱電対入り接着部品で計測
	部品の最高表面温度	サーモラベル測定結果
	炉内の温度分布	サーモスケール測定結果

> **要点ノート**
>
> 接着は特殊工程の技術です。最終の検査工程で検査できることは少ないので、作業記録検査表で各工程での作業が規定された範囲内に、適切になされたかを確認することが重要です。

【4 結果の確認と改善

工程能力指数による管理と改善

❶工程能力指数とは

　工程能力とは、定められた規格の限度（公差）内で、製品を生産できる能力のことと定義され、その評価を行う指標が工程能力指数で、一般にCpと表示されます。図3-4-1に示すように、工程能力指数Cpは一般に平均値μに対して、上側規格値（上限値）USLと下側規格値（下限値）LSLが規定され、USL以上・LSL以下のものは不合格とされます。工程能力指数Cpは、$(USL-LSL)/6\sigma$（σは標準偏差）で求めます。

　接着強度など上側規格値を規定する必要がない場合は、下側規格値のみが規定され、Cp_Lと表記され、$(\mu-LSL)/3\sigma$（μは平値）で求めます。接着剤の混合開始から貼り合わせ・圧締終了までの時間のように、下側規格値を規定する必要がない場合は上側規格値のみが規定され、Cp_Uと表記され、$(USL-\mu)/3\sigma$で求めます。Cp、Cp_L、Cp_Uは、1.33以上、1.50以上、1.67以上などと設定される場合が多く、数字が大きいほど品質要求が高く設定されていることになります。

❷工程能力指数による工程管理

　個々の製品については、各工程で許容条件の範囲内で作業がなされたかを最終工程で確認しますが、ある工程での作業が、常に許容条件の範囲内で行われているか、すなわち、工程の安定性の監視に工程能力指数は使われます。

図 3-4-1 ｜ 工程能力指数

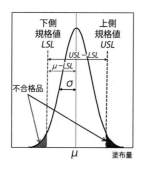

上下限が規定されている場合の工程能力指数
$C_p = (USL - LSL)/6\sigma$

下限値だけが規定されている場合の工程能力指数
$C_{pL} = (\mu - LSL)/3\sigma$

上限値だけが規定されている場合の工程能力指数
$C_{pU} = (USL - \mu)/3\sigma$

　　（μは平均値、σは標準偏差）

❸工程能力指数による工程の安定性の監視の例

　図3-4-2は、接着剤の塗布量の管理の例です。塗布量は多すぎても少なすぎてもいけないので、(A)のように、両側で規定されます。実際の工程で塗布量を計測すると、(B)のようにばらつきの大きさは既定の条件と変わらなくても、平均値が多い方にずれると不良品が発生します。工程能力指数を上側だけで計算すると、既定値より小さくなっています。(C)のように、平均値が多い方にずれてもばらつきが小さくなっていて、上側の工程能力指数が既定値と同じか大きくなっていれば、不良品は生じません。(D)のように、平均値が既定値と変わらなくてもばらつきが大きくなると、工程能力指数は上側でも下側でも既定値より小さくなり、不良品が生じます。このように、計測した塗布量から工程能力指数の変化を監視することにより、不良の発生を検知することができます。既定値より工程能力指数が小さくなってきたら、平均値の変化やばらつきの増加などの原因を究明して、改善を図る必要があります。

図 3-4-2　工程能力指数による接着剤の塗布量管理の例

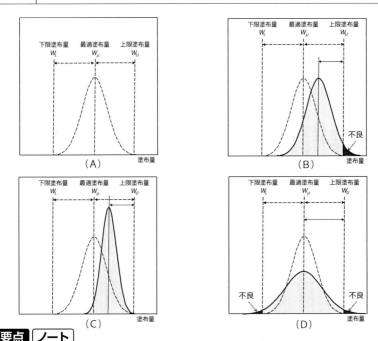

要点｜ノート

各工程における作業が、規定の許容範囲（公差）内で適性に行われているかどうかを監視するのに、工程能力指数が有効です。直近の一定回数のデータで計算すれば、工程能力の変化をリアルタイムに求めることができます。

コラム

● 接着を使う技術者に望むこと ●

▷**わかならいことはまずやってみよう**

　接着の技術開発を行っていると、分からないこと、予想外のことが次々と起こるものです。このような時に、理論的にどうなのかを調べたり考えることは必要ですが、理論にこだわってはいけません。

　接着の理論は、実際の接着の現象をすべて説明できるものではありませんし、理論に反することも多々起こります。自分なりに仮説を立てて、まずは手を動かしていろいろ試してみることが大切です。仮説と実際とが食い違っていれば、その間に新たな因子が潜んでいるということです。材料に対する感覚やセンスは、自分でやってみなければ身につかないものです。そして、起こっている現象を十分に観察しましょう。思い込みで考えてはいけません。

▷**食わず嫌い、完璧主義はやめましょう**

　接着はもちろん、あらゆる接合法には長所と欠点があります。「欠点があるから使わない」では製品は作れません。欠点をいかにカバーして長所を活かすかを前向きに考えて、最適化を図ることが大切です。欠点の改良は必要ですが、接着剤に過大な期待や要求をすべきではありません。できることとできないことを十分に話し合いながら、できる範囲で要求しましょう。

　また、実績がないからと排斥してはいけません。実績を作ることこそ技術者の役割であり、喜びです。

▷**温故知新**

　最新の技術や理論には詳しくても、接着の基本的な知識に乏しい人は、実は大勢います。長年積み上げられてきたベーシックな知識・情報を先に習得しましょう。

引用文献

1) 「高信頼性接着の実務」原賀康介著、日刊工業新聞社、(2013)、P.128-129
2) 「構造用接着剤使用のためのガイドライン」日本海事協会材料艤装部、(2015.12)
3) 「高信頼性を引き出す接着設計技術」原賀康介著、日刊工業新聞社、(2013)、P.66-72
4) 「高信頼性を引き出す接着設計技術－基礎から耐久性、寿命、安全率評価まで－」原賀康介著、日刊工業新聞社 、(2013)、P.143-172
5) 「エポキシ系接着剤硬化過程における残留応力発生挙動」春名一志、寺本和良、原賀康介、月舘隆二著、日本接着学会誌, Vol.36, No.9, (2000) ,P.39
6) ㈱アクロエッジ＜http://www.acroedge.co.jp/＞
7) 「樹脂硬化収縮率・硬化収縮応力の新しい測定装置について」中宗憲一著、㈱センテック
＜http://www.acroedge.co.jp/wp-content/themes/canvas_tcd017_child/document/pdf/koukasyuusyuku-purezen.pdf＞
8) 「アルキメデス法を用いた硬化収縮量と収縮応力の評価法」長谷川,上山,原賀,廣井著、第50回日本接着学会年次大会、(2012)、P32B
9) 「接着剤の硬化収縮による内部応力を対象とした数値解析手法」春名一志、原賀康介著、日本機械学会論文集 A編, Vol.60, No. 579, (1994) ,P. 2589-2594
10) 「原賀式Cv接着設計法」㈱原賀接着技術コンサルタント
＜https://www.haraga-secchaku.info/cvdesign/＞
11) 「高信頼性を引き出す接着設計技術－基礎から耐久性、寿命、安全率評価まで－」原賀康介著、日刊工業新聞社、(2013)、P.220-235
12) 「高信頼性を引き出す接着設計技術－基礎から耐久性、寿命、安全率評価まで－」原賀康介著、日刊工業新聞社、(2013)、P.208-219
13) 「ばらつき、劣化、内部破壊を考慮して高品質を確保する『Cv接着設計法』」原賀康介著、日本接着学会誌, Vol.51, No.6, (2015) ,P.200-205
14) 「接着強度設計における設計基準強度と設計許容強度の算定法」原賀康介著、日本接着学会誌, Vol. 50, No. 2, (2014) ,P. 53-58
15) 富士フイルム㈱＜http://fujifilm.jp/business/material/uvscale/fud7010j/index.html＞
16) ㈱サクラクレパス＜https://plazmark.craypas.co.jp/＞
17) 富士フイルム㈱＜http://fujifilm.jp/business/material/prescale/index.html＞
18) 日油技研工業㈱＜http://nichigi.co.jp/products/samo/products/8e.html＞
19) 富士フイルム㈱＜http://fujifilm.jp/business/material/thermoscale/index.html＞
20) 日油技研工業㈱＜http://nichigi.co.jp/products/samo/products/uv.html＞
21) 富士フイルム㈱＜http://fujifilm.jp/business/material/uvscale/fud7010j/index.html＞

【索引】

数・英

2液型ウレタン系接着剤	134
2液型接着剤	132、134
5点塗布	138
90°はく離試験	70
180°はく離試験	70
Cv接着設計法	88
DMA	62
Fickの拡散の法則	110
Larson-Millerのマスターカーブ	108
SGA	64、72、91、92
SPR（セルフピアシングリベット）	22
SP値	99
tanδ	102
Tg	40、98
TMA	62
T形はく離試験	70、73
UVスケール	154、158
UVラベル	158
X字形塗布	138
Y字形塗布	138

あ

アーク溶接	20
合い具合	128
アウトガス	102
アクチベーター	66、136
アクリル系	90、92
アクリル系接着剤	64、66、72
圧縮	50
圧縮空気	158
圧縮力	70
圧締	144
圧締治具	116
圧力測定フィルム	158
後硬化	46、58
アニール	58
アルキメデス法	62
アロイ鋼板	105
アンカー効果	25
安全性	23、102
安全率	89、106
異種材	22、50
異種材接合	18、22
異種材接着	48
異種材料接着	48
意匠性	19
意匠部品	34
板厚	78
位置合わせ	52、54、116、118
位置決め	52、54

位置ずれ	34、54、58、86、142、145
位置精度	129、160
嫌気硬化	66
色見本	150
インライン作業	124
上側規格値	162
ウェルドボンディング	22
受入検査	124、156
薄板化	19
海島構造	72、80
ウレタン系	90、92
ウレタン系接着剤	64
エポキシ系	90、92
エポキシ系接着剤	64
エラストマー	64
エンジニアリング接着剤	66
応力解析	98
応力緩和	37、46、58、146
応力緩和性	80
応力集中	21、52、78、80、113、114
応力耐久性	96
応力分散	18、21
オートクレーブ	141
オープンタイム	123
屋外暴露	33
屋外暴露試験	110
汚染物	31
オゾン	28
オフガス	102
温度依存性	102
温度差	50
温度特性	76、95、98
温度分布	45、158
温度変化	40
温度むら	44、146

か

加圧	44、69、116、142、144、158
加圧力	44、98、141、142
カートリッジ	92
外観検査	160
開封	156
界面	10、14
界面破壊	10、14、136
カウンタシンク加工	118
火炎	28
火炎処理	28
掻き取り	117、118、145
火気レス工法	18
拡散	24
撹拌	156

撹拌棒	132
下限強度	107
下限値	150、162
加工精度	18、154
重ね合わせせん断継手	80
重ね合わせ継手	80
重ね合わせ長さ	21、70、78、80、96
可視化	154
可視光	66
可使時間	158
かしめ	54
化成皮膜	32
硬さ	72、94
カタログ	92、94、96、98、100
活性	32
活性化	26
活性剤	136
活性材料	66
カップリング剤	28、136
割裂	70
加熱硬化	146
加熱硬化後	38
加熱炉	147
ガラス	31、101
ガラス転移温度（Tg）	38、76、98
感圧接着テープ	68
簡易てこ式ローラーはく離試験具	120
簡易破壊試験	120
簡易評価	100
環境条件	124
勘合接着	50、54、70
乾燥	110
乾燥空気	158
緩和	58
機械的結合	24
希釈	137
キッティング	154
機能設計	84
気泡	138
吸水膨潤応力	35、42
吸水率	42、110
吸着	32
吸着水	29
吸着層	28
教育・訓練	128、150
凝集破壊	10、14、101、107
凝集破壊率	10、14、95、129
強靭	72、76、78
強靭性	64、80
強度	94
強度設計	16、97
強度保持率	107
共有結合	70
極性	24、26
局部荷重	70、94、105、112
局部変形	115
許容条件	162
許容範囲	9、64、84、86、89、124、128、132、148、150、152
許容不良率	106
禁止事項	129
金属結合	70
櫛目ごて	139
口開き	44
区分的線形解析	62
組立治具	85
組立手順	128
クラック	33、52、101、129
クリアランス	50、54、154
クリープ	22、68、95、108、116
クリープ試験	96
クリープ力	45、142
クリープ劣化	143
繰返し疲労試験	14、21
繰返し疲労特性	22
形状	114
形状・寸法	96、101、110
計量	132
軽量化	18、19、22
計量・混合	132
欠陥	52、101、129、140、146
欠陥部	143
結晶水	104
結晶性	30
欠点	88
結露	156
ゲル化	36、56、58、61、126、153、156
ゲル化防止モード	126
ゲル状	36
嫌気性	90
嫌気性接着剤	66、136
検査	120、149
検査工程	160
検査・品質管理	87
現場作業	16
現場責任者	150
現場施工	18
硬化温度	40、146
硬化過程	36、60、62
硬化機構	66、98
硬化剤	68
硬化時間	66
硬化収縮	14、34、52、53
硬化収縮応力	15、35、36、38、40、46、58、60、147
硬化収縮率	54、56、62、102
硬化状態	120、160
硬化反応	98
硬化不良	66
硬化率	58
硬化炉	147
合金化亜鉛めっき鋼板	104
合金層	105
航空機	8、64

剛性	36、38、40、48、52、56、96、114
構造	52、63
構造設計	56、84
構造用接着剤	64、72
拘束	52
工程管理	87
工程管理表	150
工程記録	149
工程記録表	160
工程合理化	18
工程設計	84、126
工程内検査	85
工程能力指数	12、162
高品質接着	8、10、12、34、61、64、65、123
降伏強度	70
コスト	23
コストダウン	18、119
ゴム	72
コンカレント	85、86、89

さ

サーモスケール	158
サーモラベル	158
最適条件	9、84、86、89、124、128、132、150、152
再保管	156
材料管理	87
材料設計	84
材料定数	108
作業環境	123、152、158、160
作業管理	86
作業記録	149
作業記録検査表	161
作業工程	64
作業者	150
作業性	64、66
作業手順書	129
作業要領書	150
差し込み	117、119
差し込み構造	80
サブライン	124
サルベージ	87
酸化膜	30、32
残留応力	34
シアノアクリレート系接着剤	66
シール材	68
シール性	18
示温ラベル	158
紫外線	28、66
紫外線硬化型接着剤	58、60、62
仕掛品	126
治具	118、128、144
軸心	112
試作	89、100、128
下側規格値	162
自着	24

湿気硬化	68、90
湿気硬化型	92
湿気硬化型接着剤	147
湿潤乾燥	110
湿度	66、96、123、147、152
染み込み	98
充填剤	153
柔軟性	72
重量比	132
縮合反応	68
熟練技能	16
手混合	132、134
主剤	68
出荷検査表	156
循環式オーブン	147
瞬間接着剤	66、90
準構造用接着剤	64
昇温カーブ	158
昇温速度	146、147
使用温度範囲	48、95
使用可能期間	156
消去法	88、90
衝撃	70、112
衝撃エネルギー	72
衝撃強度	72、74、76
衝撃力	64
上限値	150、162
照射強度	147、158
冗長性	23、113
照度	58
照度計	154
初期流動管理	160
触媒	136
徐冷	58
シランカップリング剤	28
シリコーン系	90
シリコーン系接着剤	68
シリンジ	134
真空含浸法	141
親水性	31
浸透性	98
浸透接着	66
信頼性	8、11、23
水酸化膜	30
水蒸気	68
水蒸気圧	123
水素結合	28
水分	14、15、66、96、108、110、134
水分劣化	97
スカーフ継手	114
隙間	116
隙間埋め	74
隙間充填性	18、98
スナップフィット	22
スプリングバック	145
スプリングバック力	35、44、116、142
スペーサー	52

スペック	129
スポット溶接	20、22、108
隅肉接着	141
隅肉接着法	54
スリット	116
寸法	63
寸法設計	110
生産移行	150
生産性	23
脆性部品	34
製造日	156
精度	154
性能評価	100
製品検査表	160
精密機器	8
精密部品	34、54
制約条件	88
設計許容強度	106
接触	66
接触角	27、30
接着管理	152
接着管理技術	86、89
接着強度	70
接着強度の実力値	106
接着強度保持率	110
接着欠陥	44、51
接着工程	86
接着剤	156、158
接着剤選定チェックリスト	88
接着剤層の厚さ	142
接着剤の選定	16、92
接着剤の選定チェックリスト	90
接着剤メーカー	90、92、100
接着作業	64、158
接着設計	86、122、132、150、152
接着設計技術	84、89
接着層厚さ	50、52、154
接着層の厚さ	74、78、98、129
接着部周辺の長さ	110
接着不良	90
接着不良品	86
接着プロセス	98
接着前処理	154
接着面積	96、110
接着劣化	32
設備	152
設備管理	87
設備設計	84、126
セラミックス	101
センター出し	145
せん断	70、112
せん断応力	78
せん断強度	72、74、76、78
せん断強度主体	94
せん断試験片	96
せん断力	64、70
線熱膨張係数	42
線膨張係数	34、38、40、46、48、50、52、62、96、98、102、115
相互拡散	24
相対湿度	96、147
想定外	113、150
速度依存性	76
粗面	137
粗面化	32
反り	60
損失係数	102

た

耐環境性	32
耐寒性	68
大気圧プラズマ照射	28
大気圧プラズマ処理	153、154
耐久性	15、16、32、34、54、64、66、89、96
耐湿性	32、96、110
耐水性	96、110
耐水性試験	96
体積収縮	36、38、54
体積比	132
体積膨張	42
耐熱性	68
耐用年数	106
対流式オーブン	147
耐力	80
脱泡	134、158
多品種少量生産	144
ダミーサンプル	101、120、158、160
ダミー部品	147
垂れ	98
短時間	146
短時間硬化	58、146
単純重ね合わせ引張りせん断試験	70、78
弾性接着剤	68
弾性体	46
収縮率	56
弾性率	34、36、38、40、54、56、58、62、72、76、78、96、98、102
短波長紫外線	126、153
短波長紫外線照射	28
短波長紫外線照射処理	154
チェックリスト	88、92、122
力の流れ	114
チキソトロピック指数	98
チキソトロピック性	98
治工具	87、152、160
チタネート系カップリング剤	28
チューブ	92
突き合わせ	112
突き合わせ引張り接着継手	80
継手効率	80
詰め替え	92
低圧水銀ランプ	126、154

低温	51、105
低歪み接合	18
ディラトメーター法	62
データベース	102
データロガー	153、156、158
滴下法	30
透湿性	68
投錨効果	25
特殊工程	8、148、160
特性要因図	122
度数分布	12
塗装膜	34
突起	116
塗布	138、140、158
塗布位置	54
塗布装置	92、98
塗布パターン	138
塗布量	54、136、142、158、163
トラブル	126
塗料	104

な

内部応力	34、38、40、42、44、46、48、50、52、54、56、58、60、62、68、74、146、154
内部応力測定装置	62
内部応力評価装置	60
内部破壊	10、106
内部破壊係数	107
難接着性材料	68
難接着性プラスチック	66
肉盛り性	98
二度加圧	142
認定試験	151
抜取り	120、160
濡れ指数	154
濡れ指数標準液	30
濡れ性チェック	154
濡れ張力試験	30
濡れ張力試験液	154
濡れ張力試験用混合液	30
ねじり	70
熱応力	14、33、35、40、48、60、62、96、115
熱収縮	52
熱収縮応力	14、15、35、38、40、46、58、61
熱真空環境	102
熱電対	147、158
熱分布測定フィルム	158
熱変形	48
熱歪み	16、18
熱劣化	32、96
粘性	142
粘性体	46
粘性的性質	76、108
粘弾性	46、68

粘弾性体	46、72、74、76
粘弾性特性	102
粘着テープ	68、102
粘度	140、156
伸び	50、72、74、108
糊しろ	110

は

配合比	129
パイプ	144
バイメタル法	60
破壊	116
破壊試験	101
破壊状態	95
はく離	70、112
はく離強度	72、74、76、95
はく離試験	70
はく離力	64、78
はじき	30
破断	108
破断荷重	78
破断強度	106、116
破断伸び	98
破断伸び率	42、44、74、102
撥水性	68
バッチ処理	124
発熱	134
発泡	64、123、134、152
ハニカム	144
はみ出し	54、118、139
はみ出し部	114、120
はみ出し量	160
ばらつき	8、10、12、14、52、106
ばらつき係数	107
バリ	154
貼り合わせ	138
貼り間違い	118
バンドかしめ	145
反応機構	64、68
反応熱	134
ヒートショック試験	14
光硬化	147
光硬化型	90
光硬化性接着剤	66
非混合	64
ビジュアル	150
比重	132
被着材料	10、26
被着材料表面	28
引張り	114
引張り強度	72、74、76
引張りせん断試験	70
引張り速度	74、76
引張り力	50、70、112
非破壊	86、120
評価方法	70
標準偏差	12

表面エネルギー	30
表面改質	15、26、28、31、32、124、126、153、154
表面処理	15、26、31、32
表面張力	26、27、30、32、99、124、154
表面濡れ指数	124
疲労強度	21、22
疲労試験	14、96
疲労特性	21
品質	8、119、148
品質設計	84
フィレット	114
フェノール系接着剤	64
付加重合	68
不活性材料	66、136
複合効果	23
複合接着接合法	22、113、117、145
複合劣化	108
副生成物	68
物性	115
物性データ	102
フッ素樹脂	66
歩留まり	119
部品管理	87、154
部品精度	117
プライマー	26、28、66、136、140、152
プラスチック	42
プラスチックス	30
ブラスト	32、137
プラズマ	28
プラズマインジケータ	154
不良品	148、163
不良率	8
プレスケール	158
不連続性	114
分極	24
分子間力	24、26、36、70、99
分離	156
平均値	162
平面度	52
併用	22
ペール缶	92
変形	34、36、38、44、48、54、56、58、62、63、96、101、114、129、146、147、154
変形解析	98
変色	101、129
偏心	54、113
変成シリコーン	90
変成シリコーン系接着剤	68
変動係数	12、107
ポカヨケ	119
保管	156
保管期限	156
保持力	95
ポリエチレン	66、68
ポリプロピレン	66、68
ポリマーアロイ	72
ボルト・ナット	20

ま

前処理	154
曲がり	78
曲げ	70
マスキングテープ	119
未硬化部	101、129
水切り試験	30
水酸化膜	32
密着性	104
メカニカルクリンチング	22
メカニズム	99
めっき	32、34
めっき鋼板	104
めっき層	105
めっき剥離	104
面接合	18、70、112
モーメント	114、117

や

焼付け塗装	104、116、142
有限要素法	62、98
有資格者作業	151
歪み	56、58、129、146
歪み速度	74
歪み量	74
油面接着性	64
溶解度パラメーター	99
揺変性	98

ら

ラジカル連鎖反応	66
ランク分け	154
リアルタイム	163
リークパス	55、145
リーク不良	55
リベット	20、22、108
流動性	26
流動抵抗	142
両面テープ	90、95
リン酸塩	104
リン酸塩系処理剤	28
冷却速度	146
冷蔵庫保管	156
冷熱繰返し	40
冷熱サイクル試験	96
冷熱サイクル試験	14
レオメーター	62
劣化	32、96、106、116、143
連動停止	126
ロット番号	156、158

著者略歴

原賀康介（はらが こうすけ）
㈱原賀接着技術コンサルタント　専務取締役　首席コンサルタント　工学博士
日本接着学会構造接着研究会会長補佐、接着適用技術者養成講座講座長

専門：接着技術（特に構造接着と接着信頼性保証技術）
1973年、京都大学工学部工業化学科卒業。同年、三菱電機㈱に入社後は、生産技術研究所、材料研究所、先端技術総合研究所に勤務。以来40年間にわたって一貫して接着接合技術の研究・開発に従事。2012年3月、㈱原賀接着技術コンサルタントを設立し、各種企業における接着課題の解決へのアドバイスや社員教育などを行っている。

開発した技術
接着耐久性評価・寿命予測技術
接着強度の統計的扱いによる高信頼性接着の必要条件決定法
耐用年数経過後の安全率の定量化法
接着の設計基準の作成
原賀式『Cv接着設計法』
複合接着接合技術（ウェルドボンディング、リベットボンディング等）
ハニカム構造体の簡易接着組立技術
SGAの高性能化（低歪み、焼付け塗装耐熱性、高温強度・耐ヒートサイクル性、難燃性ほか）
内部応力の評価技術と低減法
被着材表面の接着性向上技術
精密部品の低歪み接着技術
塗装鋼板の接着技術など

受　賞
1989年　日本接着学会技術賞
1998年　日本電機工業会技術功労賞
2003年　日本接着学会学会賞
2010年　日本接着学会功績賞

著　書
「高信頼性を引き出す接着設計技術―基礎から耐久性、寿命、安全率評価まで―」、日刊工業新聞社、(2013年)
「高信頼性接着の実務―事例と信頼性の考え方―」、日刊工業新聞社、(2013年)
「自動車軽量化のための接着接合入門」（佐藤千明氏共著）、日刊工業新聞社、(2015年)
その他共著書籍　31冊

NDC 579.1

わかる！使える！接着入門
〈基礎知識〉〈段取り〉〈実作業〉

2018年 3月30日 初版 1 刷発行
2024年11月22日 初版 4 刷発行

定価はカバーに表示してあります。

ⓒ著者	原賀 康介	
発行者	井水 治博	
発行所	日刊工業新聞社	〒103-8548 東京都中央区日本橋小網町14番1号
書籍編集部		電話 03-5644-7490
販売・管理部		電話 03-5644-7403　FAX 03-5644-7400
URL		https://pub.nikkan.co.jp/
e-mail		info_shuppan@nikkan.tech
振替口座		00190-2-186076

印刷・製本　　新日本印刷㈱（POD3）

2018 Printed in Japan　　落丁・乱丁本はお取り替えいたします。
ISBN 978-4-526-07823-1　C3043
本書の無断複写は、著作権法上の例外を除き、禁じられています。

日刊工業新聞社の売行良好書

今日からモノ知りシリーズ
トコトンやさしいトヨタ式作業安全の本
石川君雄 著
A5判 160ページ 定価:本体1,500円+税

「7つのムダ」排除 次なる一手
IoTを上手に使ってカイゼン指南
山田浩貢 著
A5判 184ページ 定価:本体2,200円+税

ポカミス「ゼロ」徹底対策ガイド
モラルアップとAIですぐできる、すぐ変わる
中崎勝 著
A5判 184ページ 定価:本体2,000円+税

金を掛けずに知恵を出す
からくり改善事例集 Part3
公益社団法人日本プラントメンテナンス協会 編
B5判 180ページ 定価:本体2,300円+税

新 まるごと5S展開大事典
中部産業連盟 編
B5判 160ページ 定価:本体2,000円+税

誰も教えてくれない「工場の損益管理」の疑問
そのカイゼン活動で儲けが出ていますか?
本間峰一 著
A5判 184ページ 定価:本体1,800円+税

IEパワーアップ選書
現場が人を育てる
日本インダストリアル・エンジニアリング協会 編
河野宏和・篠田心治・斎藤文 編著
A5判 200ページ 定価:本体2,000円+税

日刊工業新聞社出版局販売・管理部

〒103-8548 東京都中央区日本橋小網町14-1
☎03-5644-7410 FAX 03-5644-7400

●日刊工業新聞社の好評図書●

自動車軽量化のための接着接合入門

原賀 康介・佐藤 千明 著　A5判/216頁
定価：本体2,500円+税　ISBN 978-4-526-07364-9

溶接や締結などと比べてあまり知られていない接着を、より理解し活用してもらうことを主眼に置いて解説した。軽量化に貢献する組立方法の中での接着接合法の位置づけを明確にしつつ、接合機能と生産性、コストを並立できる接着剤の活用法と工法をやさしく指南する。

高信頼性接着の実務

原賀 康介 著　A5判/240頁
定価：本体2,400円+税　ISBN 978-4-526-07000-6

接着接合は部品組立における重要な要素技術だが、安易に使用される例が多い。ばらつきが少なく、耐久性に優れた高強度接着を行うには各工程でのつくり込みが不可欠である。本書は接着不良を未然に防ぎ、高信頼性接着を行う基礎と現場で必要とされる急所を解説する。

高信頼性を引き出す接着設計技術
基礎から耐久性、寿命、安全率評価まで

原賀 康介 著　A5判/272頁
定価：本体2,600円+税　ISBN 978-4-526-07156-0

材料設計・構造設計技術者向けに、他の接合方法と比べて「接着」を検討するための必要十分な知識と要点を簡潔にまとめた。接着剤の選定から接着構造、接着強度と製品信頼性、寿命評価法、設計基準と安全率評価などの勘どころを提示。接着設計のつくり込み技術を説く。

わかる！使える！
【入門シリーズ】

日刊工業新聞社

◆ "段取り"にもフォーカスした実務に役立つ入門書。
◆ 「基礎知識」「準備・段取り」「実作業・加工」の"これだけは知っておきたい知識"を体系的に解説。

わかる！使える！マシニングセンタ入門
〈基礎知識〉〈段取り〉〈実作業〉

澤 武一 著
定価（本体 1800 円+税）

第 1 章 これだけは知っておきたい 構造・仕組み・装備
第 2 章 これだけは知っておきたい 段取りの基礎知識
第 3 章 これだけは知っておきたい 実作業と加工時のポイント

わかる！使える！溶接入門
〈基礎知識〉〈段取り〉〈実作業〉

安田 克彦 著
定価（本体 1800 円+税）

第 1 章 「溶接」基礎のきそ
第 2 章 溶接の作業前準備と段取り
第 3 章 各溶接法で溶接してみる

わかる！使える！プレス加工入門
〈基礎知識〉〈段取り〉〈実作業〉

吉田 弘美・山口 文雄 著
定価（本体 1800 円+税）

第 1 章 基本のキ！ プレス加工とプレス作業
第 2 章 製品に価値を転写する プレス金型の要所
第 3 章 生産効率に影響する プレス機械と周辺機器

わかる！使える！5S 入門
〈基礎知識〉〈段取り〉〈実践活動〉

古谷 誠 著
定価（本体 1800 円+税）

第 1 章 5S の基礎からはじめよう！
第 2 章 5S を進めるための前準備
第 3 章 5S を具体的に実践する

お求めは書店、または日刊工業新聞社出版局販売・管理部までお申し込みください。

日刊工業新聞社　〒103-8548 東京都中央区日本橋小網町 14-1　TEL 03-5644-7410
http://pub.nikkan.co.jp/　FAX 03-5644-7400